Aimad El mourabit

Circuits analogiques intégrés

Aimad El mourabit

Circuits analogiques intégrés

A base de Transistor multiples entrées et grille flottante en Technologie CMOS

Presses Académiques Francophones

Impressum / Mentions légales

Bibliografische Information der Deutschen Nationalbibliothek: Die Deutsche Nationalbibliothek verzeichnet diese Publikation in der Deutschen Nationalbibliografie; detaillierte bibliografische Daten sind im Internet über http://dnb.d-nb.de abrufbar.
Alle in diesem Buch genannten Marken und Produktnamen unterliegen warenzeichen-, marken- oder patentrechtlichem Schutz bzw. sind Warenzeichen oder eingetragene Warenzeichen der jeweiligen Inhaber. Die Wiedergabe von Marken, Produktnamen, Gebrauchsnamen, Handelsnamen, Warenbezeichnungen u.s.w. in diesem Werk berechtigt auch ohne besondere Kennzeichnung nicht zu der Annahme, dass solche Namen im Sinne der Warenzeichen- und Markenschutzgesetzgebung als frei zu betrachten wären und daher von jedermann benutzt werden dürften.

Information bibliographique publiée par la Deutsche Nationalbibliothek: La Deutsche Nationalbibliothek inscrit cette publication à la Deutsche Nationalbibliografie; des données bibliographiques détaillées sont disponibles sur internet à l'adresse http://dnb.d-nb.de.
Toutes marques et noms de produits mentionnés dans ce livre demeurent sous la protection des marques, des marques déposées et des brevets, et sont des marques ou des marques déposées de leurs détenteurs respectifs. L'utilisation des marques, noms de produits, noms communs, noms commerciaux, descriptions de produits, etc, même sans qu'ils soient mentionnés de façon particulière dans ce livre ne signifie en aucune façon que ces noms peuvent être utilisés sans restriction à l'égard de la législation pour la protection des marques et des marques déposées et pourraient donc être utilisés par quiconque.

Coverbild / Photo de couverture: www.ingimage.com

Verlag / Editeur:
Presses Académiques Francophones
ist ein Imprint der / est une marque déposée de
OmniScriptum GmbH & Co. KG
Heinrich-Böcking-Str. 6-8, 66121 Saarbrücken, Deutschland / Allemagne
Email: info@presses-academiques.com

Herstellung: siehe letzte Seite /
Impression: voir la dernière page
ISBN: 978-3-8416-2863-3

Copyright / Droit d'auteur © 2013 OmniScriptum GmbH & Co. KG
Alle Rechte vorbehalten. / Tous droits réservés. Saarbrücken 2013

TITRE :

Circuits analogiques intégrés à base de Transistor multiples entrées et grille flottante en technologie CMOS

Dr. Aimad El Mourabit

Préambule

Malgré l'engouement vers l'électronique numérique, les circuits analogiques sont des éléments incontournables et nécessaires dans tout système électronique. En technologie CMOS, au contraire des circuits numériques et des microsystèmes, les progrès et les tendances que connait cette technologie n'apportent rien en termes de performances pour les circuits analogiques. Par exemple, la contrainte de fonctionner sous une faible tension pour les circuits analogiques impose de changer l'architecture cascode souvent utilisée pour booster le gain ou l'impédance et évoluer vers une architecture cascade. Cette évolution impose une augmentation du nombre de branche de courant dans le circuit ce qui augmente la consommation globale. Une autre contrainte qui s'ajoute au compromis consommation/gain déjà existant au niveau transistor. De ce fait de nouvelles architectures et alternatives sont aujourd'hui nécessaires.

Dans ce manuscrit on présente une alternative à l'utilisation du transistor classique dans son mode de fonctionnement de saturation. On démontre qu'en utilisant des transistors à multiple entrées et grille flottante, les contraintes peuvent être partiellement levées.

Le travail présenté dans ce manuscrit est une contribution au développement de nouvelles architectures d'opérateurs analogiques faible tension et faible consommation en CMOS pour le traitement du signal sur puce.

Un opérateur étudié est un OTA (Amplificateur Opérationnel de Transconductance) de faible transconductance Gm. C'est un bloc clé pour concevoir des filtres Gm-C monolithique très basses fréquences. On peut montrer que l'OTA à base de transistors MOS à entrées multiples et grille flottante (MIFG-MOS) fonctionnant en faible inversion permet à la fois l'obtention de faible Gm et l'extension de la zone linéaire. La linéarité peut encore être améliorée jusqu'aux limites de la tension d'alimentation par l'implémentation d'une technique de suppression du terme de distorsion cubique. On propose ainsi des structures d'OTA sous 1,5V avec une consommation inférieure à 1µW pour des filtres Gm-C à très faibles fréquences de coupures.

D'autres opérateurs, comme par exemple le multiplieur, sont aussi présents. Là encore, en utilisant des transistors MIFG-MOS et en appliquant la technique d'annulation du terme de distorsion cubique, plusieurs structures d'opérateurs faibles tensions mais avec une grande plage dynamique sont développées.

Table des matières

Chapitre 1 Introduction Générale _____ *6*

1. 1 Introduction _____ **6**

1. 2 Intérêt des circuits intégrés CMOS à basse tension d'alimentation et faible consommation _____ **7**

1. 3 Conséquences de la réduction de la tension d'alimentation dans les circuits analogiques **8**

1. 4 Cadre de l'étude _____ **10**

1. 4. 1 Filtre monolithique très basse fréquence de coupure _____ **11**

1. 4. 2 Multiplieur CMOS _____ **13**

1. 5 Organisation de la thèse _____ **13**

Chapitre 2 Transistor MOS _____ *15*

2. 1 Introduction _____ **15**

2. 2 Le transistor MOS _____ **15**

2. 3 Modèles du transistor MOS _____ **16**

2. 3. 1 Régime Statique _____ 17

2. 3. 1. 1 Régime d'équilibre et régime de déplétion_____ 17

2. 3. 1. 2 Régime de la faible inversion _____ 17

2. 3. 1. 3 Régime de forte inversion _____ 19

2. 3. 1. 4 Régime de l'inversion modérée _____ 20

2. 3. 2 Les modèles EKV (Enz, Krummenacher, Vittoz) et ACM (advanced compact model): _____ 20

2. 3. 3 Transistor MOS en régime AC petit signal_____ 22

2. 3. 3. 1 Les paramètres en petit signal _____ 22

2. 3. 3. 2 Les capacités parasites _____ 23

2. 3. 4 Modèle de bruit_____ 26

2. 3. 5 Les limitations du transistor MOS : _____ 27

2. 3. 5. 1 Effet de la modulation du canal _____ 27

2. 3. 5. 2 Réduction de la mobilité _____ 28

2. 3. 5. 3 Effet de substrat _____ 29

2. 3. 5. 4 Effet de la température_____ 30

2. 3. 5. 5 Le phénomène DIBL (Drain Induced Barrier Lowering) _____ 31

2. 3. 5. 6 Le phénomène Punch-through (ou Subsurface DIBL)_____ 32

2. 3. 5. 7 Erreur d'appariement des transistors _____ 32

2. 3. 6 Dimensionnement des transistors _____ 33

2. 7 Transistors pour réduire la tension d'alimentation _____ **35**

2. 7. 1 Transistor Commandé par le substrat (BD-MOS) _____ 36

2. 7. 2 Transistor à multiples entrées et grille flottante (MIFG-MOS) : _____ 37

2. 7. 2. 1 Effet des charges piégées_____ 40

2. 7. 2. 2 Effet des capacités parasites et de l'erreur des rapports des capacités_____ 41

2. 8 Fonctions analogiques à très faible tension d'alimentation _____ **42**

2. 9 Fonctions analogiques à très faible consommation_____ **43**

2. 10 Conclusion _____ **44**

Chapitre 3 OTA Faible Tension et Faible Consommation Pour Applications Basses Fréquences _____ *45*

3.1 . Introduction : _____ **45**

3. 2 Considérations générales _____ **46**

3. 2. 1 OTA faible transconductance, faibles consommation et tension d'alimentation _____ **48**

3. 3 La paire différentielle en faible inversion : _____ **49**
   3. 3. 1 Linéarité en mode différentiel : _____ 49
   3. 3 .2 Plage d'entrée en mode commun : _____ 51

3. 4 Techniques de linéarisation _____ **52**
   3. 4. 1 Paire différentielle avec dégénérescence de source _____ 52
   3. 4. 2 Paire différentielle Asymétrique : _____ 53
   3. 4. 3 Structures à base de transistors BD-MOS et MIFG-MOS _____ 54
      3. 4. 3. 1 Paire différentielle BD-MOS _____ 54
      3. 4. 3. 2 structure proposée par [Sar97] _____ 56
      3. 4. 3. 3 Paire différentielle MIFG-MOS _____ 58

3. 5. Nouvelles architectures proposées : _____ **60**
   3. 5. 1 Linéarisation par annulation de la distorsion cubique _____ 60
      3. 5. 1. 1 Tension minimale d'alimentation _____ 63
      3. 5. 1. 2 Structure de sortie de l'OTA : _____ 63
         a -Augmentation de la résistance de sortie avec des transistors cascodes _____ 63
         b - Augmentation de la résistance de sortie avec des transistors composites _____ 65
         c - Circuit complet de l'OTA _____ 66
   3. 5. 2 deuxième architecture proposée : Linéarisation par dégénérescence de source via des transistors
MIFG-MOS : _____ 68

3. 6 Analyse des erreurs dues aux effets secondaires : _____ **71**
   3. 6. 1 Effet des capacités parasites et de l'erreur des rapports des capacités : _____ 71
   3. 6. 2. Effet des charges piégées dans l'oxyde de grille : _____ 73
   3. 6. 3. Effet d'appariement des transistors _____ 74
   3. 6. 4. Bande passante : _____ 76
   3. 6. 5 Calcul du Bruit _____ 78
   3. 6. 6 Rapport signal sur bruit _____ 79

3. 7. Effet de la température _____ **80**

3. 7. 1 Compensation de l'effet de la température _____ **81**
   3. 7. 1. 1 circuit proposé dans [Vit77] _____ 81
   3. 7. 1. 2 circuit proposé dans [Ogu95] _____ 82
   3. 7. 1. 3 Circuit de polarisation proposé _____ 83

3. 8 La valeur minimale de la transconductance : _____ **87**

3. 9 Tests et Résultats _____ **88**
   3. 9. 1 Résultats de tests de l'OTA _____ 88
   3. 9. 2 Résultats de tests du filtre OTA-C _____ 92

3. 10 Conclusion _____ **94**

CHAPITRE 4 MULTIPLIEURS ET OPERATEURS NON-LINEAIRE MOS _____ *95*

4. 1 Introduction _____ **95**

4. 2 Multiplieur en faible inversion _____ **96**
   4. 2. 1 Un nouveau multiplieur à base de transistor MIFG-MOS en faible inversion _____ 98
   4. 2. 2 Analyse des erreurs dues aux effets secondaires _____ 101
      4. 2. 2. 1 Offset et passage du signal _____ 102
      4. 2. 2. 2 linéarité du multiplieur _____ 103
      4. 2. 2. 3 Réponse fréquentielle _____ 103
      4. 2. 2. 4 Bruit _____ 104

4. 4 Multiplieurs à base de transistors MOS en forte inversion _____ **105**
   4. 4. 1 Multiplieur de type quadratique différentielle _____ 105
   4. 4. 2 Approche alternative _____ 108

4. 4. 3 Un nouveau multiplieur à base de transistors MIFG-MOS en forte inversion _____ 110
    4. 4. 3. 1 plage linéaire du multiplieur _____ 111
    4. 4. 3. 2 Tension d'alimentation minimale du multiplieur : _____ 112
    4. 4. 3. 3 Le choix des tailles des transistors et des résistances _____ 113
    4. 4. 3. 4 Multiplication de la somme de tensions : _____ 114
    4. 4. 3. 5 Analyse des erreurs dues aux effets secondaires _____ 115
        4. 4. 5. 1 Effet d'appariement des transistors _____ 115
        4. 4. 5. 2 effet des erreurs des résistances de sortie _____ 115
        4. 4. 5. 3 Effet de la réduction de la mobilité _____ 116
        4. 4. 5. 4 Effet des charges piégées et des capacités parasites : _____ 116
        4. 4. 5. 5 Autres effets secondaires _____ 117
    4. 4. 3. 6 Résultats des simulations _____ 117
        4. 4. 3. 6. 1 Caractéristique DC _____ 117
        4. 4. 3. 6. 2 Tension d'offset et passage du signal d'entrée (feedthrough) _____ 118
        4. 4. 3. 6. 3 Linéarité du multiplieur _____ 119
        4. 4. 3. 6. 4 Réponse fréquentielle _____ 121
        4. 4. 3. 6. 5 Bruit _____ 121

4. 5 Multiplieurs avec des transistors en régime Ohmique de la forte inversion : _____ **122**
    4. 5. 1 Cellule multiplicatrice _____ 123
        4. 5. 1. 1 Plage d'entrée des signaux _____ 125
    4. 5. 2 Améliorations possibles _____ 125

4. 6 Choix et comparaison _____ **127**

4. 7 Principes d'opérations non-linéaires MOS _____ **127**
    4. 7. 1 Opérateur Carré _____ 128
    4. 7. 2 Opérateur Racine Carrée _____ 128
    4. 7. 3 Opérateur diviseur _____ 129

4. 8 Opérateurs multidimensionnels _____ **130**
    4. 8. 1 Opérateur produit-sommation _____ 130
    4. 8. 2 Opérateur valeur moyenne _____ 131
    4. 8. 2. a. Opérateur moyenne quadratique _____ 132
    4. 8. 2. b. Opérateur moyenne arithmétique _____ 133

4. 9 Conclusion _____ **134**

Conclusion générale _____ **135**

Annexe A _____ **144**

Annexe B _____ **146**

Annexe C _____ **147**

Chapitre 1 Introduction Générale

1. 1 Introduction

Les progrès technologiques dans les domaines de la microélectronique et des nanotechnologies ont permis la réalisation de système de mesures miniaturisés. Cette tendance à la miniaturisation est motivée par la forte demande de nombreux secteurs d'activités qu'il s'agisse d'équipements de mesure portables ou nomades, pour le domaine biomédical, multimédia ou l'automobile...En général, ces systèmes sont constitués de fonctions non électroniques (optiques, fluidiques, mécaniques....) auxquelles l'électronique est associée. Cette dernière est de nature mixte, analogique/numérique, car malgré l'engouement des techniques numériques pour le traitement de l'information, les fonctions analogiques restent nécessaires pour assurer l'interfaçage entre le signal physique de nature analogique et les fonctions numériques. Ces fonctions analogiques sont indispensables non seulement pour la conversion analogique/numérique, mais aussi pour le pré-traitement du signal délivré par le capteur. En effet, un élément important pour tout système de mesure est sa sensibilité. Pour optimiser cette sensibilité, il convient de mettre en œuvre une pré-amplification et un filtrage avant de convertir en grandeur numérique les signaux issus du capteur qui peuvent être de très faibles amplitudes, de faible fréquence et noyés dans du bruit.

De part leurs tailles extrêmement réduites, les microsystèmes sont particulièrement adaptés pour des applications portables ou embarquées. Afin de permettre cette portabilité, l'électronique associée doit consommer le moins possible et fonctionner sous de faible tension d'alimentation. Cette contrainte est valable pour tous les types de circuits intégrés qu'ils soient numériques ou analogiques. Néanmoins, elle est plus contraignante pour l'électronique analogique, car la diminution de la tension d'alimentation entraîne une dégradation des performances de ce type de circuits comme on va le montrer dans les paragraphes suivants.

6

1. 2 Intérêt des circuits intégrés CMOS à basse tension d'alimentation et faible consommation

Aujourd'hui, on considère qu'un circuit est à faible tension d'alimentation s'il peut fonctionner à des tensions d'alimentation inférieures ou égales à 1.5 V. Il existe également d'autres critères pour définir les circuits et systèmes à faibles tensions d'alimentation, en liant par exemple la tension d'alimentation aux paramètres technologiques et le nombre de transistors empilés entre les deux rails d'alimentation [Hog96]. La figure 1-1 présente une prévision de la diminution de la tension d'alimentation pour les années à venir.

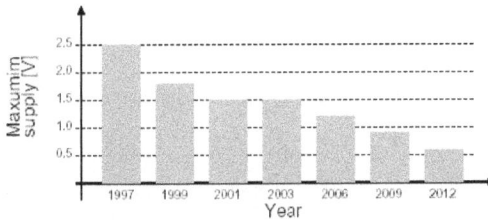

Figure 1-1 Evolution de la tension d'alimentation maximale (origine [Bas98])

Trois facteurs corrélés sont à l'origine de cette demande de réduction de la tension d'alimentation et de la consommation des circuits intégrés :

- Le premier concerne le développement de technologies CMOS submicroniques profondes. Comme la longueur du canal du transistor MOS diminue conjointement avec les épaisseurs de l'oxyde de grille qui peuvent atteindrent quelques dizaines de nanomètre, la tension d'alimentation doit être réduite pour assurer le bon fonctionnement du transistor MOS [Vit94].

- Le deuxième facteur est lié à l'augmentation du niveau d'intégration dans les circuits microélectroniques complexes. De plus en plus de fonctions électroniques sont intégrées par unité de surface, et de ce fait la consommation de chaque fonction doit être réduite pour éviter une dissipation de la puce électronique trop importante.

7

- Le troisième facteur résulte de l'explosion du marché des produits portables ou mobiles alimentés par des batteries, où la réduction de la consommation est indispensable pour assurer une grande autonomie.

1. 3 Conséquences de la réduction de la tension d'alimentation dans les circuits analogiques

Pour les circuits numériques, la consommation est proportionnelle au carré de la tension d'alimentation V_{DD}^2 [Vit94]. Donc la diminution de la tension d'alimentation réduit la consommation. Pour les circuits analogiques, la situation est différente. Si on prend le cas d'un circuit ayant comme étage d'entrée la paire différentielle MOS en forte inversion, pour une tension d'alimentation donnée V_{DD}, la plage du signal d'entrée est donnée par la relation :

$$SW = V_{DD} - (V_{TH} + V_{dsat}) \tag{1-1}$$

avec V_{TH} la tension de seuil, V_{dsat} la tension de saturation du transistor MOS.

La consommation est obtenue en multipliant la tension d'alimentation par le courant total I :

$$P = V_{DD}.I \tag{1-2}$$

D'autre part, on sait que le bruit N est inversement proportionnel au courant total I [Bas98] :

$$N^2 \propto \frac{1}{\alpha.I} \propto \frac{V_{DD}}{\alpha.P} \tag{1-3}$$

La dynamique d'entrée du circuit est alors donnée par :

$$DR = \frac{SW^2}{N^2} = \frac{\left(V_{DD} - (V_{TH} + Vdsat)\right)^2}{1/\alpha I} = \alpha P. \frac{\left(V_{DD} - (V_{TH} + Vdsat)\right)^2}{V_{DD}} \tag{1-4}$$

D'où on peut déduire que pour une plage dynamique donnée, la consommation est calculée par :

$$P = \frac{1}{\alpha} DR. \frac{V_{DD}}{\left(V_{DD} - (V_{TH} + V_{dsat})\right)^2} \tag{1-5}$$

La représentation graphique de l'équation 1-5 est présentée à la figure 1-2. On constate alors que la consommation du circuit augmente avec la diminution de la tension d'alimentation.

D'autre part, la diminution de la tension d'alimentation impose des modifications sur la topologie des circuits. Elle limite le nombre de transistors qu'il est possible d'empiler entre les deux rails d'alimentation. Cela implique par exemple d'utiliser une structure en cascade au lieu d'une structure cascode. Ainsi pour augmenter la résistance de sortie d'un amplificateur, des structures repliées (« folding » en anglais) ont été utilisées à la place de structure cascode simple. Ceci a inévitablement augmenté le nombre de branches de courant dans les circuits et a donc par conséquence augmenté la consommation.

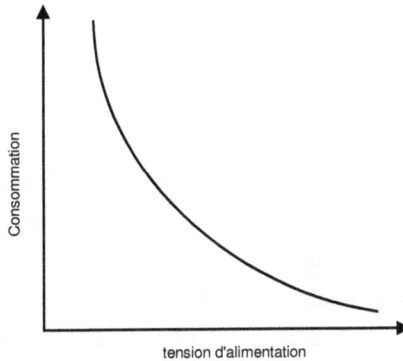

Figure 1-2 Relation entre la diminution de la tension d'alimentation et la consommation pour un circuit analogique

Durant ces dernières années, de nombreuses recherches ont été consacrées à l'étude des problèmes générés par les faibles tensions d'alimentation pour les circuits analogiques, tant au niveau système qu'au niveau des techniques de conception ou de modélisation des composants. Au niveau transistor, une meilleure modélisation du transistor MOS a permis aux concepteurs de disposer de modèles plus compacts et surtout d'exploiter au maximum toute la gamme de fonctionnement du transistor MOS (inversion forte, faible et modérée). L'utilisation des transistors MOS en forte inversion n'est plus alors automatique pour la réalisation des circuits intégrés. Au contraire, les autres modes de fonctionnement (l'inversion faible et modérée) offrent plus de possibilités pour la conception de circuits faibles consommations fonctionnant à faibles tensions d'alimentation. Les niveaux de courant circulant entre les drains et les sources des transistors sont très faibles et les transistors peuvent fonctionner avec des tensions grille-source et drain-source très inférieures à celles de la forte inversion.

D'autres solutions basées sur l'utilisation de transistors à entrées multiples et grilles flottantes (MIFG-MOS), ou encore des transistors commandés par le substrat (BD-MOS) ont également été introduites dans la conception des circuits faibles tensions d'alimentations. Ces transistors, et surtout les transistors MIFG-MOS, ont un grand intérêt, comme cela sera expliqué au prochain chapitre, pour le développement de circuits analogiques basses tensions d'alimentations et faibles consommations. Ils apportent de nombreuses solutions à des problèmes et des limitations imposés par la diminution de la tension d'alimentation sur l'électronique analogique, et sont par conséquence, susceptibles d'offrir une alternative à l'utilisation des transistors MOS classiques.

1. 4 Cadre de l'étude

Ce manuscrit s'inscrit dans la cadre de développement de micro-systèmes intégrés d'analyse pour des applications biochimiques et biomédicales, qui constituent une des thématiques du Laboratoire d'Electronique, Nanotechnologie et Capteur (LENAC) de l'université Claude Bernard. En particulier, les travaux de recherche de ce laboratoire portent sur la réalisation de microsystèmes, intégrant sur la même puce, à la fois un micro capteur optique CMOS à double jonctions enterrées (BDJ) et son électronique associée.

Ces systèmes sont destinés à travailler sur de faibles volumes d'échantillons. De ce fait, il est nécessaire d'optimiser l'étage analogique de pré-traitement du signal du capteur pour obtenir une large dynamique de mesure et une grande sensibilité. La détection synchrone est alors utilisée pour extraire les faibles signaux utiles du bruit. Son principe est montré à la figure 1-3. Elle s'appuie sur la modulation de la source du capteur pour être dans une zone spectrale où la contribution des composantes continues et basses fréquences parasites (telles que les dérives lentes d'alimentation et le bruit de Flicker de l'électronique) ne sont plus prépondérantes. Le signal est ensuite pré-amplifié puis dirigé vers un multiplieur pour effectuer la démodulation synchrone puis filtré à l'aide d'un filtre passe bas. Le rapport signal sur bruit du système (qui conditionne la sensibilité de mesure) sera d'autant plus grand que la constante de temps du filtre passe bas sera grande (réduction de la bande équivalente de bruit).

En plus des contraintes de basse tension d'alimentation et de faible consommation, les deux circuits analogiques nécessaires pour la mise en œuvre de la détection synchrone, c'est à dire le multiplieur et le filtre passe bas, doivent avoir une bonne dynamique pour couvrir toute la plage de mesure, et être entièrement monolithiques.

De ce fait, il est nécessaire de développer des architectures permettant d'augmenter la linéarité de ces deux circuits sous de faibles tensions d'alimentations, ainsi que des solutions pour la réalisation de filtres intégrés à très basse fréquence de coupure.

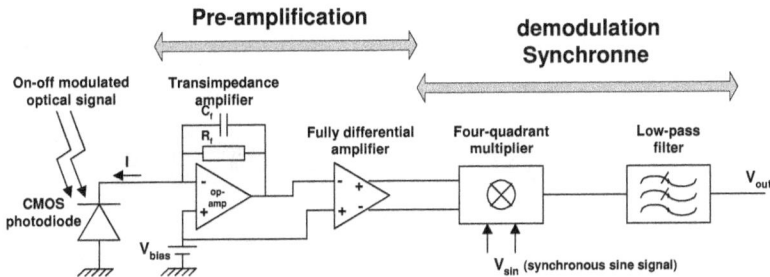

Figure 1-3 Principe de la détection Synchrone

1. 4. 1 Filtre monolithique très basse fréquence de coupure

On distingue deux types de filtres : les filtres passifs et les filtres actifs. Lorsque les valeurs des composants (résistance, inductance et capacité) requises pour mettre en œuvre un filtre passif ne permettent pas son intégration monolithique sur un circuit CMOS, des filtres actifs sont intégrés. Les filtres actifs permettent de réaliser toutes les fonctions de filtrage y compris avec des ordres importants et avec la possibilité d'ajustement des paramètres du filtre réalisé.

Un filtre actif à basse fréquence de coupure peut être réalisé en temps discret par la technique des capacités commutées [San84]. L'inconvénient de ce type d'implémentation est la réduction de la zone de conduction des switches MOS sous de faibles tensions d'alimentations [Yan00], ce qui altère le fonctionnement du filtre pour des tensions d'entrée intermédiaires (voir figure 1-4). Cette limitation impose le recours à des techniques, comme l'utilisation de doubleurs de tension [Wan92] ou la technique du circuit fermé « Bootstrap » [Mas99]. Ces solutions compliquent considérablement le design. En plus ces filtres constituent des systèmes échantillonnés temps discret et nécessitent par ailleurs l'usage de filtres anti-repliement et de lissage qui sont par nature de temps continu. A cela s'ajoute le problème du jitter, ou la variation instantanée de la période de ce signal, qui intervient bien évidemment sur son allure spectrale et par la suite sur les performances du système On-Chip [Pep97] [Sol00] [Sal03] [Rie04].

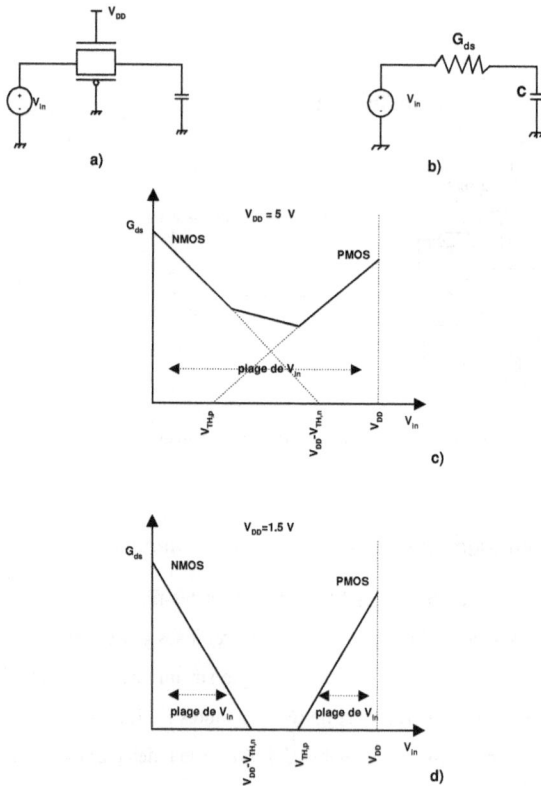

**Figure 1-4 a) Switch complémentaire MOS b) modèle équivalent c)
d) Réduction de la plage d'entrée avec la diminution de V_{DD}**

Les filtres temps continu OTA-C (transconductance-capacité) constituent une alternative intéressante pour les cas de très basse fréquence de coupure. Cette dernière est donnée par le rapport entre la transconductance et la capacité. Comme les valeurs de capacités intégrables sont limitées en technologie CMOS, la principale difficulté est de développer des OTA avec des faibles valeurs de transconductances.

Le premier opérateur analogique développé dans cette est un amplificateur transconductance (OTA) à faibles valeurs de transconductances, dédié spécialement à la réalisation de filtres OTA-C à très basses fréquences de coupures. Cet opérateur a été réalisé à base des transistors MIFG-MOS polarisés en faible inversion. Les propriétés intrinsèques de ces transistors permettent d'avoir à la fois, une bonne plage linéaire avec des faibles transconductances, faibles tensions et consommations.

1. 4. 2 Multiplieur CMOS

Le deuxième opérateur étudié est un multiplieur en mode tension. Comme pour tous les circuits analogiques, la diminution de la tension d'alimentation réduit la dynamique du multiplieur. Avec les MOS classiques, cet opérateur de base a une consommation élevée à cause de l'utilisation de plusieurs étages ou de l'empilement de plusieurs transistors nécessaires pour la réalisation de la multiplication de deux tensions.

Les structures développées apportent au multiplieur MOS des améliorations sensibles en terme de linéarité et de compacité grâce à l'utilisation des transistors MIFG-MOS. Ces structures sont susceptibles d'offrir une alternative performante à l'utilisation d'opérateurs numériques dans certains domaines, comme dans le cas des réseaux de neurones.

1. 5 Organisation du manuscrit

Chapitre 2 :

Le deuxième chapitre donne une présentation générale sur les caractéristiques du transistor MOS et ses différents modes de fonctionnement (inversion faible, forte et modérée) ainsi que les différents modèles associés. Les considérations pratiques concernant les effets secondaires et les principales considérations à prendre en compte lors de la conception seront également présentées.

Nous présentons également dans ce chapitre les principes des transistors MIFG-MOS et les transistors BD-MOS. Leurs avantages et inconvénients sont également développés.

Chapitre 3 :

Le troisième chapitre est consacré à l'étude de l'amplificateur transconductance (OTA) en faible inversion. Les différentes techniques de linéarisation sont étudiées et présentées en détail. Deux nouvelles architectures basées sur des transistors MIFG-MOS permettant des faibles transconductance et une bonne linéarité sont proposées.

Un prototype d'une architecture a été fabriqué. Les résultats des études de caractérisation de ce prototype sont présentés à la fin du chapitre.

Chapitre 4 :

Le quatrième chapitre est dédié à l'étude du multiplieur MOS. Après un rappel des différents types de multiplieurs MOS, les améliorations proposées pour chaque type de multiplieur avec les transistors MIFG-MOS et les principes de leurs mises en oeuvre sont décrits.

A la fin du chapitre, nous présentons les principes de réalisation d'opérateurs non linéaires mono et multidimensionnels destinés à l'implémentation de réseaux de neurones.

Chapitre 2 Transistor MOS

2. 1 Introduction

Les technologies CMOS VLSI s'enchaînent en diminuant la tension de seuil et, par conséquent, la tension d'alimentation et la consommation. Les circuits numériques ont la faculté de s'adapter à cette réduction grâce à la nature binaire de l'information. Par contre, pour les circuits analogiques la plage des valeurs de l'information reste importante, ce qui oblige les concepteurs à trouver des solutions pour que ces circuits fonctionnent à des tensions d'alimentations réduites et des faibles consommations. Le modèle du transistor MOS en forte inversion n'est plus alors suffisant. Au contraire, la gamme entière de fonctionnement des transistors doit être exploitée, inversion faible, forte et modérée, régime linéaire, saturé, comportement fréquentiel, quasi-statique...en parallèle avec l'introduction de nouvelles techniques comme l'utilisation des transistors commandés par le substrat (BD-MOS) et des transistors à multiples entrées et grille flottante (MIFG-MOS).

Ce chapitre est consacré à la présentation du transistor MOS, les différents modèles et modes de fonctionnement, les effets secondaires et les considérations pratiques à prendre en compte pendant la conception. Une bonne connaissance de ces problèmes nous aidera à mieux comprendre le fonctionnement des circuits analogiques présentés aux chapitres suivants.

2. 2 Le transistor MOS

Le transistor MOS (Metal Oxyde Semiconducteur) est un transistor à effet de champ (FET) possédant quatre terminaux : grille (G), drain (D), source (S) et substrat (B). La distance entre source et drain est la longueur du MOS, notée L, et sa valeur minimale varie selon les technologies. Les valeurs typiques actuelles sont entre 2 µm et 0.1 µm. La largeur du MOS est notée W. Là aussi, cette largeur a une valeur minimum qui est déterminée par la technologie. Elle est en général du même ordre de grandeur que la valeur minimum de L. Pour des

15

transistors fabriqués à partir d'un substrat de type P on parle de transistor NMOS et de transistor PMOS dans le cas d'un substrat de type N (voir figure 2-1).

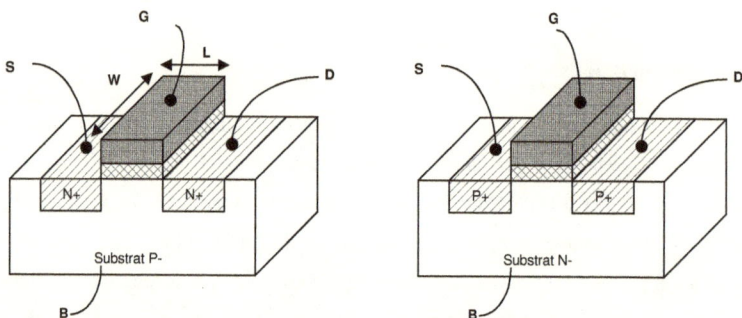

Figure 2-1. Transistor MOS (à gauche NMOS, à droite PMOS)

Figure 2-2. Symboles des transistor NMOS et PMOS

2. 3 Modèles du transistor MOS

Dans ce paragraphe, on propose essentiellement l'étude du comportement du transistor NMOS. Le comportement du transistor PMOS se déduit de celui du NMOS en inversant les potentiels et les sens des courants.

16

2. 3. 1 Régime Statique

Le comportement électrique du transistor MOS est déterminé par les potentiels appliqués sur ses quatre terminaux et surtout par son potentiel de grille. On distingue les régimes de fonctionnement suivants :

2. 3. 1. 1 Régime d'équilibre et régime de déplétion

Pour des tensions nulles sur les terminaux du MOS, le transistor est bloqué. Lorsqu'on applique une légère tension positive sur la grille, les porteurs majoritaires du substrat vont s'éloigner de l'interface Si/SiO$_2$ le potentiel n'est pas suffisamment élevé pour attirer les électrons qui seraient amenés par la source. Ainsi, il va exister une zone dans laquelle il n'y aura aucun porteurs libres : le MOS opère en mode de déplétion (déplétion de porteurs majoritaires) et reste bloqué.

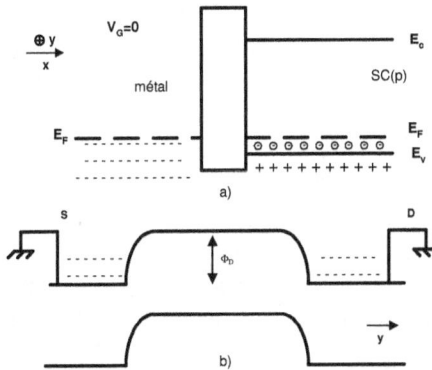

Figure 2-3 Diagramme de bandes de la structure MOS en équilibre. a) dans la direction ox b) à l'interface Si/SiO$_2$ dans la direction oy, en passant de la source (S) au drain (D)

2. 3. 1. 2 Régime de la faible inversion

Au fur et à mesure que l'on augmente le potentiel de grille, des électrons mobiles apparaissent à l'interface Si/SiO$_2$ qui commencent à inverser le type de porteurs majoritaires sous la grille (voir figure 2-4). La structure est similaire à un transistor bipolaire n-p-n à dopage homogène et le courant résultant est principalement dû à l'injection de charge par diffusion [Sze81].

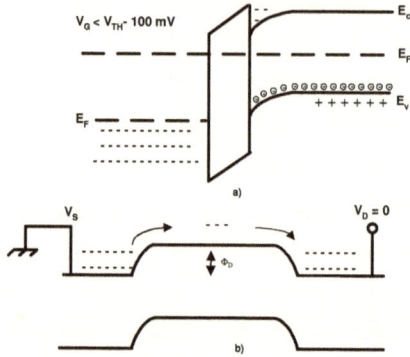

Figure 2-4 Diagramme de bandes de la structure MOS en faible inversion. a) dans la direction ox b) à l'interface Si/SiO2 dans la direction oy, en passant de la source (S) au drain (D)

Le régime de la faible inversion s'établit pour un potentiel grille-source légèrement inférieur à une tension V_{TH} appelée tension de seuil ($V_{GS} < V_{TH} - 4U_T$). Le courant drain-source est donné par la relation :

$$I_D = I_{D0}\frac{W}{L}\exp\left(\frac{\kappa}{U_T}V_G\right)\left[\exp\left(\frac{V_S}{U_T}\right) - \exp\left(\frac{V_D}{U_T}\right)\right] \qquad (2\text{-}1)$$

avec
$$I_{D0} = \frac{2\mu C_{ox}U_T^2}{\kappa}\exp\left(\frac{-\kappa V_{TH}}{U_T}\right) \qquad (2\text{-}2)$$

μ : la mobilité des porteurs dans le canal.

C_{OX} : la capacité entre la grille et le canal.

$U_T = \dfrac{KT}{q}$: la tension thermique.

$\kappa = \dfrac{1}{n} = \dfrac{C_{ox}}{C_{ox} + C_{dep}}$: l'inverse du coefficient d'inversion.

C_{dep} : la capacité de la zone de déplétion

Suivant la valeur de la tension drain-source, le MOS en faible inversion est dit en saturation si $V_{DS} > 4U_T$ et l'équation (2-1) devient :

$$I_D = I_{D0}.\exp\left(\frac{1}{U_T}(\kappa V_G - V_S)\right) \qquad (2\text{-}3)$$

18

Dans le cas contraire ($V_{DS} < 4U_T$), le transistor est dit en région ohmique de la faible inversion.

2. 3. 1. 3 Régime de forte inversion

Quand la tension grille-source devient supérieure à la tension de seuil, le nombre d'électrons mobiles à l'interface Si/SiO$_2$ augmente, il se forme une nappe d'électrons sous la grille, cette nappe est appelée canal d'électrons (voir figure 2-5). Les électrons du canal restent confinés à l'interface Si/SiO$_2$ car ils sont attirés vers la grille par le champ électrique vertical, sans pour autant pouvoir la traverser. La densité des électrons dans le canal est très supérieure à la densité de trous (toujours à l'interface), c'est la raison pour laquelle on parle de forte inversion. Le courant électrique est principalement dû au courant de dérive [Sze81].

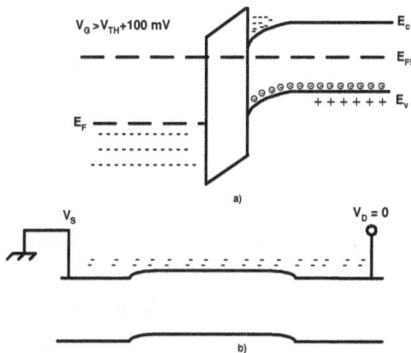

Figure 2-5 Diagramme de bandes de la structure MOS en forte inversion. a) dans la direction ox b) à l'interface Si/SiO2 dans la direction oy, en passant de la source (S) au drain (D)

La condition pour cette zone est $V_{GS} > V_{TH} + 4U_T$ avec deux cas à distinguer :

- Lorsque $V_{GS} - V_{TH} < V_{DS}$, c'est la zone de saturation. Le transistor a un comportement quadratique. Le courant drain-source est donné par :

$$I_{DS} = \beta(V_{GS} - V_{TH})^2 \qquad (2-4)$$

où $\beta = \dfrac{1}{2}\mu C_{OX}\dfrac{W}{L}$ est le facteur transconductance du transistor.

- Lorsque V_{GS}-V_{TH} > V_{DS}, c'est la zone linéaire : le transistor a un comportement linéaire et le transistor peut être utilisé comme une résistance.

$$I_{DS} = 2\beta(V_{GS} - V_{TH} - \frac{1}{2}V_{DS})V_{DS} \qquad (2\text{-}5)$$

2. 3. 1. 4 Régime de l'inversion modérée

On appelle régime de l'inversion modérée, la zone de transition entre la faible et la forte inversion. Elle est caractérisée par une égalité entre le courant de diffusion et le courant de dérive. Ce mode de fonctionnement est extrêmement difficile à modéliser, mais on peut le voir comme un mélange hybride entre la forte et la faible inversion.

Le tableau 1 montre les frontières entre les différents modes de fonctionnement du MOS. Celles-ci s'expriment en terme de tension ou de courant. Ce tableau sert de base pour dimensionner les transistors MOS du circuit intégré.

	Tension	Courant
Forte inversion	$V_{GS} > V_{TH} + 100$ mV	$I_D > 10\,I_S$ [1]
Inversion modérée	$V_{TH} + 100$ mV > V_{GS} > $V_{TH} - 100$ mV	$10\,I_S > I_D > 0.1\,I_S$
Faible inversion	$V_{GS} < V_{TH} - 100$ mV	$I_D < 0.1\,I_S$

Tableau 2-1. Frontières entre les différents modes de fonctionnement du MOS

2. 3. 2 Les modèles EKV (Enz, Krummenacher, Vittoz) et ACM (advanced compact model):

Récemment, des modèles compacts du transistor MOS ont été proposés [Enz95] [Gou97] [Cun95]. Ils décrivent les différents modes de fonctionnement par une seule équation en se basant sur le concept du coefficient d'inversion. Dans ces modèles, le courant du transistor MOS s'exprime comme la différence entre le courant direct et le courant inverse. Ces derniers sont donnés par les contributions de la source et du drain dans le courant du transistor [Enz95] [Gou97]:

$$I_D = I_F - I_R = I_S(i_f - i_r) \qquad (2\text{-}6)$$

avec I_S le courant spécifique qui est donné par : $I_S = 2\frac{W}{L}\mu C_{ox} n U_T^2$, U_T est le potentiel thermique.

---

[1] I_S le courant spécifique, donné par : $I_S = \frac{2\mu C_{ox}' U_T^2}{\kappa}\frac{W}{L}$

n le coefficient de la faible inversion.

$i_f = I_F/I_S$ le coefficient d'inversion du courant direct

$i_r = I_R/I_S$ le coefficient d'inversion du courant inverse

Les tensions de drain et de source sont reliées aux coefficients d'inversion par les équations :

$$V_P - V_S = U_T h(i_f)$$ (2-7-a)

$$V_P - V_D = U_T h(i_r)$$ (2-7-b)

avec $V_P = (V_G\text{-}V_{TH})/n$ la tension de pincement du transistor et $h(i)$ une fonction non-linéaire qui est décrite par les deux modèles de deux façon différentes :

Pour le modèle EKV, la fonction $h(i)$ est une interpolation mathématique définie par :

$$h(i) = 2\ln\left(\exp\left(\frac{1}{2}\sqrt{i}\right) - 1\right)$$ (2-8)

Alors que pour le modèle ACM, $h(i)$ est une fonction qui prend en compte les propriétés physiques du transistor MOS. Elle est définie par :

$$h(i) = \sqrt{1 + 4i} + \ln\left(\sqrt{1 + 4i} - 1\right) - 2$$ (2-9)

Les frontières entre les différentes régions de fonctionnement du MOS sont données par la valeur du rapport du courant du drain et du courant spécifique. Le mode de l'inversion modérée est donné par une interpolation des deux équations des deux régimes (forte et faible inversion) comme montré à la figure 2-6.

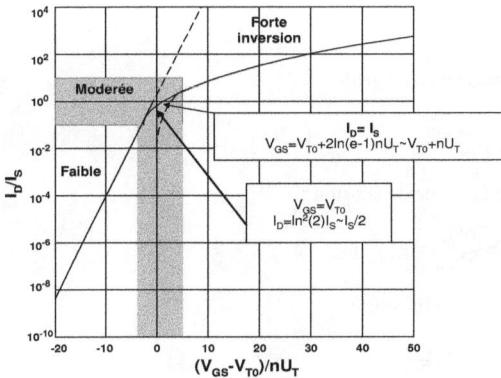

Figure 2-6. Comportement du transistor MOS dans les trois modes de fonctionnement

2. 3. 3 Transistor MOS en régime AC petit signal

2. 3. 3. 1 Les paramètres en petit signal

Le transistor MOS en régime AC petit signal est considéré comme un élément linéaire. Cette hypothèse simplifie beaucoup les calculs ainsi les paramètres AC petit signal sont déduits à partir de l'approximation de Taylor [Tsi88]. En régime DC grand signal, on peut écrire:

$$I_{DS} = F(V_G, V_D, V_S) \qquad (2\text{-}10)$$

En appliquant la formule de Taylor, on a :

$$I_{DS} + i_{ds} = I_{DS(0)} + \underbrace{\frac{\delta I_D}{\delta V_G}}_{g_{mg}} \delta V_G + \underbrace{\frac{\delta I_D}{\delta V_S}}_{-g_{ms}} \delta V_S + \underbrace{\frac{\delta I_D}{\delta V_D}}_{g_{md}} \delta V_D \qquad (2\text{-}11)$$

où g_{mg}, g_{ms}, g_{md} sont respectivement les transconductances de grille, de source et du drain. En utilisant le modèle EKV, elles sont données pour les trois modes de fonctionnement du MOS par :

$$g_{ms} = (1/\kappa).g_{mg} = \frac{G(i_f).I_F}{U_T} \quad \text{et} \quad g_{md} = \frac{G(i_R).I_R}{U_T} \qquad (2\text{-}12)$$

la fonction G(i) est donnée par :

$$G(i) = \frac{1}{\sqrt{i_f + \frac{1}{2}.\sqrt{i_f} + 1}} \qquad (2\text{-}13)$$

la correspondance avec les paramètres petit signal du modèle conventionnel du MOS est donnée par :

-   la transconductance de grille :

$$g_m = \frac{\delta I_{DS}}{\delta V_{GS}} = g_{mg} \qquad (2\text{-}14\text{-a})$$

-   la transconductance de substrat :

$$g_{mb} = \frac{\delta I_{DS}}{\delta V_{SB}} = g_{ms} - g_{mg} - g_{md} \qquad (2\text{-}14\text{-b})$$

-   la conductance drain-source :

$$g_{ds} = \frac{\delta I_{DS}}{\delta V_{DS}} = g_{md} \qquad (2\text{-}14\text{-c})$$

La transconductance est le paramètre le plus important dans un transistor MOS, il est donc essentiel de comparer sa valeur dans les différents modes de fonctionnement (figure 2-7). Pour décrire l'efficacité d'un transistor MOS, il est néanmoins préférable de considérer le produit $g_m.r_{DS}$ car la résistance de sortie étant également prépondérante dans les performances du transistor. Ce produit est considéré comme le facteur de mérite d'une part, à amplifier un signal et d'autre part, à transformer un courant statique en une transconductance dynamique. Plus sa valeur est élevée, plus le transistor est utilisé efficacement. Comme r_{DS} dépend du courant drain-source, on préfère généralement considérer le rapport g_m/I_{DS} comme le facteur de mérite. La figure 2-7 montre clairement que ce rapport a une valeur maximale en faible inversion.

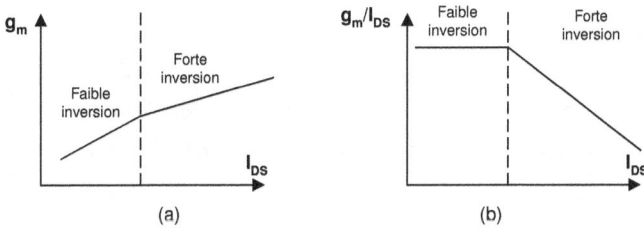

Figure 2-7. Variation en fonction de I_{DS} pour un transistor MOS a) de g_m b) de g_m/I_{DS}

2. 3. 3. 2 Les capacités parasites

Le comportement fréquentiel du circuit intégré est déterminé par les capacités « parasites » inhérentes à la structure du transistor MOS. On considère qu'elles sont intrinsèques au transistor. Ces capacités sont la somme de deux types de capacités :

- Les capacités formées par deux conducteurs (ou semi-conducteurs) séparés par un isolant (l'oxyde de grille). Leurs valeurs dépendent uniquement des paramètres géométriques du transistor.

- Les capacités parasites des jonctions PN présentes dans le transistor. Dans celle-ci, l'isolant est une zone de déplétion dont l'épaisseur varie avec la polarisation.

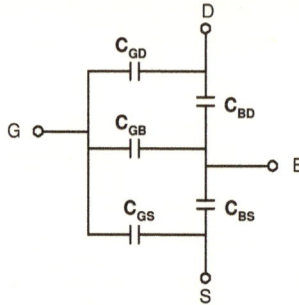

Figure 2- 2-8. capacités parasites dans un transistor MOS

La structure MOS compte 16 capacités intrinsèques définies par la physique du composant [Gou97]. Cependant, seulement 9 capacités sont indépendantes, leurs formules exactes sont proposées par [Cun98], [Enz95] et [Gou97]. En général, les capacités les plus significatives à prendre en compte dans la conception du circuit intégré sont les capacités : $C_{gs,(d)}$, C_{ds}, C_{gb}, et C_{bs} (voir figure 2-8). Les expressions de ces dernières dépendent du mode de fonctionnement du MOS sont décrites par une seule équation donnée par les modèles EKV et ACM :

$$C_{gs(d)} = \frac{2}{3} C_{ox} \left(1 - \frac{1}{\sqrt{1+i_{f(r)}}} \right) \left(1 - \frac{1+i_{r(f)}}{\left(\sqrt{1+i_f} + \sqrt{1+i_{f(r)}} \right)^2} \right) \qquad (2\text{-}15\text{-}a)$$

$$C_{ds} = \frac{4}{15} n C_{ox} \left(\sqrt{1+i_f} - 1 \right) \left(\frac{3(1+i_f) + 9\sqrt{1+i_f}\sqrt{1+i_r} + 8(1+i_r)}{\left(\sqrt{1+i_f} + \sqrt{1+i_{f(r)}} \right)^2} \right) \qquad (2\text{-}15\text{-}b)$$

$$C_{gb} = \left(\tfrac{n-1}{n} \right) \left(C_{ox} - C_{gs} - C_{gd} \right) \qquad (2\text{-}15\text{-}c)$$

$$C_{bs} = (n-1) C_{gs} \qquad (2\text{-}15\text{-}d)$$

et $\qquad C_{ox} = \dfrac{\varepsilon_0 \varepsilon_{si} WL}{t_{ox}} \qquad (2\text{-}15\text{-}e)$

Les valeurs de ces capacités (normalisées par rapport à C_{ox}) en fonction du coefficient de l'inversion sont représentées à la figure 2-9.

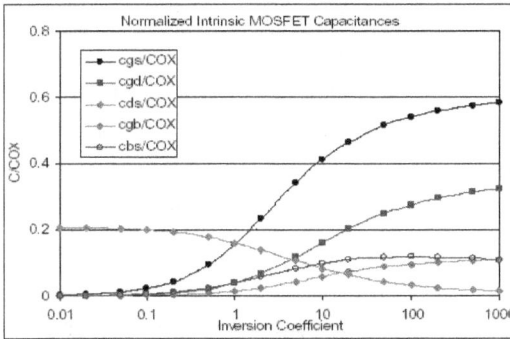

Figure 2-9. capacités parasites en fonction du coefficient d'inversion tiré de [Gou97]

La figure 2-9 est importante pour un concepteur car elle résume les cinq capacités importantes du transistor MOS suivant les différents mode de fonctionnement. Par exemple, en faible inversion ($i_f < 1$), la capacité la plus importante est la capacité C_{gb}, alors qu'en forte inversion ($i_f > 10$), les valeurs de C_{gd} et C_{gs} sont les plus importantes.

Un troisième type de capacités parasites vient s'ajouter aux capacités précédentes. Ce sont toutes les capacités parasites créées par les connexions entre un transistor et le reste du circuit. Elles dépendent essentiellement du dessin des masques et ne sont donc pas quantifiables au moment de l'étude théorique du circuit. Le concepteur doit alors tenter de réduire ces capacités au moment du dessin des masques.

Tous les éléments exposés précédemment permettent de proposer un schéma équivalent petits signaux complet. Ce schéma peut être simplifié lorsque le substrat est relié à la source (voir figure 2-10).

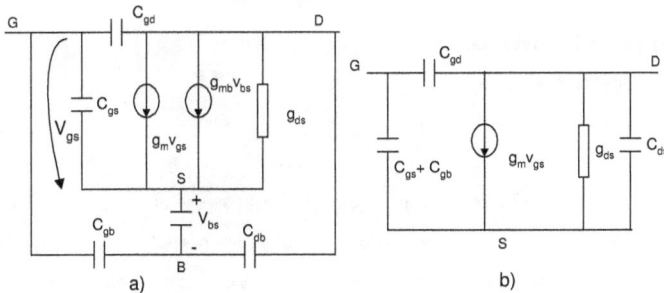

Figure 2-10 Schéma équivalent a) complet b) simplifié

2. 3. 4 Modèle de bruit

Parmi les deux principaux types de bruit présents dans un transistor MOS [Gray01] [Sar93], le premier évoqué est le bruit blanc. Par sa définition, sa densité spectrale est indépendante de la fréquence. On distingue deux types de bruit blanc selon le mode de fonctionnement du transistor :

- Le bruit thermique pour le transistor en forte inversion : ce bruit peut être assimilé à celui d'une résistance placée en sortie entre le drain et la source. Sa valeur est liée à la résistivité du canal, donc varie selon le régime de polarisation du transistor, la géométrie et le type de la technologie utilisée. Pour les premiers calculs, les formules suivantes peuvent être utilisées :

  - En région ohmique de la forte inversion, le canal du transistor MOS est équivalent à une résistance R_{MOS}. La densité spectrale du bruit thermique associée est alors :

$$\overline{v_{th}^2} = 4KTR_{MOS}\Delta f \tag{2-20}$$

  - En régime saturé de la forte inversion, la longueur du canal est typiquement réduite d'un facteur 0.6 à 0.7 ($\approx$ 2/3). La résistance du canal diminue alors de la même façon. La densité spectrale du bruit thermique est donné par :

$$\overline{v_{th}^2} = \frac{2}{3}\frac{1}{g_m} 4KT\Delta f \tag{2-21}$$

- Pour le régime de la faible inversion : le bruit blanc est dit bruit de grenaille (« shot noise »). Ce type de bruit est dû à la nature discrète du flux d'électrons [Sar93] sa densité spectrale est donnée en saturation par :

$$\overline{v_{th}^2} = \frac{2}{g_m^2} qI_{DS}\Delta f \tag{2-22}$$

avec :

K : constante de Boltzmann

T : température absolue

q : la charge élémentaire

Le second type de bruit est le bruit en $1/f$, il est associé au piégeage des électrons à l'interface Si-SiO$_2$ sous la grille. Il est classé dans les bruits roses, c'est à dire que sa densité spectrale est inversement proportionnelle à la fréquence. Celle-ci est donnée par :

$$\overline{v_{1/f}^2} = \frac{K_F}{WLC_{ox}^{\alpha}}\frac{\Delta f}{f}$$ (2-23)

où

K_F : coefficient de bruit $1/f$

α : a une valeur entre 1 et 2

f la fréquence

En général, on a $K_{F,P} < K_{F,N}$, donc la densité spectral du bruit en $1/f$ est plus faible pour un transistor à canal P que pour un transistor à canal N. Ce type de bruit peut être réduit en dotant le transistor d'une grande surface de grille.

Les deux types de bruit ne sont pas corrélés, et la densité spectrale totale du bruit est donnée par la somme des deux densités, thermique et en $1/f$. Son unité est le $V/\sqrt{Hz}$. Le bruit total est modélisé par un générateur de tension en série avec la grille ou un générateur de courant entre le drain et la source comme on peut le voir sur la figure 2-11.

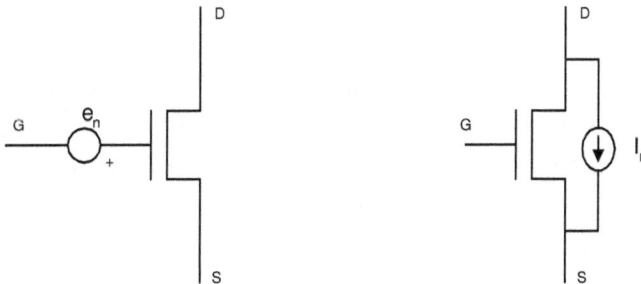

Figure 2-11 Modèle de bruit d'un transistor MOS (à gauche en tension, à droite en courant)

2. 3. 5 Les limitations du transistor MOS :

Les modèles du transistor MOS que nous avons présentés ne tiennent pas compte de l'influence des effets secondaires qui ne peuvent pas être négligés dans la conception des circuits analogiques. Les principaux effets secondaires sont présentés dans les paragraphes suivants.

2. 3. 5. 1 Effet de la modulation du canal

Cet effet se manifeste lorsque le potentiel du drain devient très supérieur à la tension de saturations $V_{DS,sat}$ du transistor. Lorsque le potentiel du drain augmente, la zone de déplétion croît (à la façon d'une jonction P-N), ce qui a pour conséquence de diminuer la longueur apparente du canal L (voir figure 2-12). Comme le courant de drain I_D est inversement proportionnel à cette longueur, I_D va augmenter avec V_D.

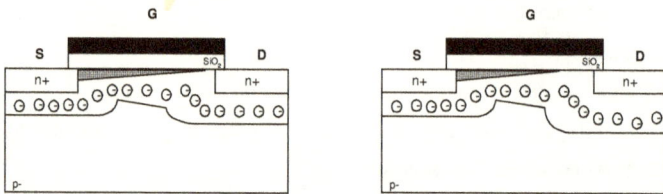

Figure 2-12 Effet de modulation de la longueur du canal

Cet effet de modulation de la longueur du canal a les mêmes conséquences électriques que l'effet Early sur le transistor bipolaire. Ainsi, son paramètre V_A est également appelé tension de Early. En saturation, la conductance de sortie g_{ds} est donnée par:

$$g_{DS} = \frac{I_D}{V_A} \tag{2-24}$$

Contrairement au transistor bipolaire, le concepteur de circuits intégrés CMOS agit sur la valeur de la tension V_A, celle-ci est augmentée en choisissant une plus grande longueur L de canal du transistor MOS. Cette technique est couramment utilisée en circuit analogique. On admet, en général, une variation linéaire de la tension V_A en fonction de L.

$$V_A = \alpha.L \tag{2-25}$$

où α est un paramètre qui dépend de la technologie, il est de l'ordre de grandeur de 1V/µm à 10V/µm.

2. 3. 5. 2 Réduction de la mobilité

Avec les technologies submicroniques, l'épaisseur de l'oxyde diminue, ce qui augmente le champ électrique entre la grille et le canal. Par conséquent, une grande force électrique perpendiculaire existe, qui diminue la mobilité effective des porteurs dans le canal. Cette réduction de mobilité est modélisée d'après le modèle EKV par la formule suivante [Enz95] :

$$\mu_{eff} = \frac{\mu_0}{1 + \kappa.\theta(V_G - V_{TH})} \tag{2-26}$$

où θ dépend de la technologie et à une valeur typique entre 0.1 et 0.5 V^{-1}, μ_0 est la mobilité des porteurs dans un champ nul.

D'après l'équation 2-26, la mobilité des porteurs décroît avec l'augmentation du potentiel de grille. Cette réduction de mobilité a un effet sur la transconductance équivalent à celui d'une résistance R_θ en série sur la source. g_m est alors diminuée d'un facteur $(1+g_m.\theta)$. En particulier, la résistance équivalente introduite par la dégradation des porteurs est donnée par :

$$R_\theta = \frac{\mu_0}{2\mu_0.C_{ox}.W} \qquad (2\text{-}27)$$

D'autres résistances sont prises en compte dans les modèles complexes des simulateurs. En particulier les résistances d'accès aux bornes du transistor. Les plus importantes sont la résistance de source et celle de drain. Elles sont dues au fait que le drain et la source sont réalisés par des diffusions dans le substrat, dont la résistivité n'est pas négligeable.

2. 3. 5. 3 Effet de substrat

Le quatrième terminal du transistor est le substrat, il est idéalement relié à la source, mais cela n'est pas toujours réalisable. L'existence d'une tension non constante V_{SB} fait varier les charges dans la zone de déplétion. Cette variation de charge se traduit par une variation de la tension de seuil et du coefficient de faible inversion ($n=1/\kappa$, équation 1-3) [Sze81] :

$$V_{TH} = V_{TH0} + \gamma(\sqrt{\Phi_B + V_{SB}} - \sqrt{\Phi_B}) \qquad (2\text{-}28)$$

et

$$n = \frac{1}{\kappa} = 1 + \frac{1}{C_{OX}}\left(\frac{qN_B\varepsilon_S}{2(2\Phi_F - 5U_T + V_{SB})}\right)^{1/2} \qquad (2\text{-}29)$$

avec $V_{TH0} = V_{FB} + \varphi_B + \gamma\sqrt{\varphi_B}$

V_{FB} : tension de la bande plate

Φ_B : potentiel de la surface

$\gamma = \dfrac{\sqrt{2q\varepsilon N_{sub}}}{C_{OX}}$: le facteur du substrat

$\Phi_F = \dfrac{KT}{q}ln\dfrac{N_{sub}}{n_i}$: le niveau de Fermi su substrat

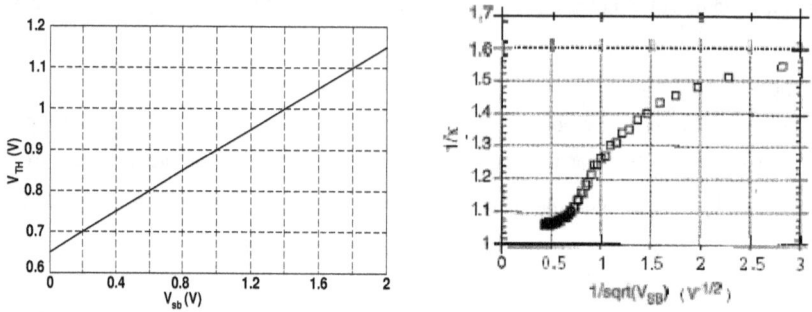

Figure 2-13. a) Variation de la tension de seuil avec V_{SB} b) Variation de κ avec V_{SB}

2. 3. 5. 4 Effet de la température

La dépendance en température de V_{TH} et de μ entraîne la variation des caractéristiques du transistor MOS. D'après les mesures pratiques [Che89], V_{TH} est approximativement une fonction linéaire de la température entre $-55°$ en $+ 125°$:

$$V_{TH}(T) = V_{TH0} + \alpha(T - T_0) \tag{2-30}$$

avec $\alpha = -2.67~\mu V~/°C$

La mobilité μ est inversement proportionnelle à la température :

$$\mu = \frac{\mu_0}{T} \tag{2-31}$$

La combinaison de ces deux lois détermine la variation de I_{DS} avec la température, le courant I_{DS} diminue avec T en forte inversion alors qu'il augmente en faible inversion (voir figure 2-14).

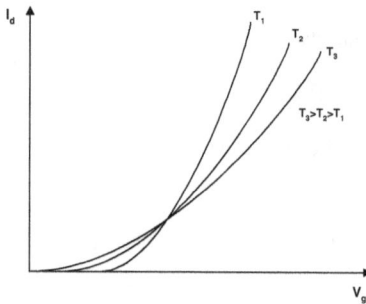

Figure 2-14. variation de $I_{ds} = f(V_{gs})$ en fonction de la température

2. 3. 5. 5 Le phénomène DIBL (Drain Induced Barrier Lowering)

Le phénomène DIBL (« surface DIBL ») affecte les transistors à canal court travaillant en régime de faible inversion, et concerne le potentiel de surface [Jaq03]. Si la tension du drain augmente, la couche de déplétion s'étend de plus en plus dans le canal vers la source et il se produit un abaissement de la barrière source-canal. L'abaissement de la barrière à la source permet l'injection d'électrons au travers le canal (en surface), et ceci indépendamment de la tension de grille. En conséquence la grille perd le contrôle de drain. Cet effet est d'autant plus marqué que la tension de drain augmente et que la longueur de canal diminue.

L'effet DIBL est habituellement mesuré par le décalage de la courbe de transfert en régime de faible inversion divisé par le ΔV_D entre deux courbes résultant de deux tensions de drain différentes (voir figure 2-15).

$$DIBL = \frac{\Delta V_{Th}}{\Delta V_D}$$
(2-32)

Pour les transistors à canal court (géométries submicroniques), l'effet d'abaissement de la barrière introduit par le phénomène DIBL intervient et l'équation (2-3) devient :

$$I_D = I_{D0}.\exp(\frac{\kappa(V_{GS} - V_{TH} + \eta V_{DS})}{U_T})\left[1 - \exp(-\frac{V_{DS}}{U_T})\right]$$
(2-33)

Le facteur ηV_{DS} diminue la valeur effective de V_{TH} et par conséquent augmente la valeur du courant.

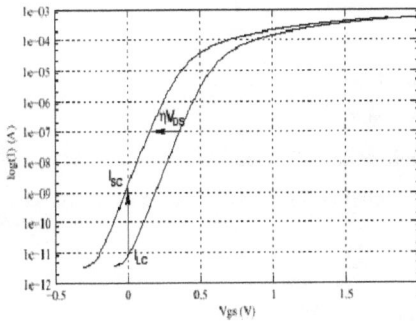

Figure 2-15 Effet DIBL sur le transistor MOS

31

2. 3. 5. 6 Le phénomène Punch-through (ou Subsurface DIBL)

Pour des géométries submicroniques, le courant de drain en régime de faible inversion peut augmenter lorsque qu'apparaît un « passage » entre la source et le drain plus en « profondeur » dans le substrat. Plus ce courant est localisé en profondeur dans le substrat, moins la grille peut le contrôler. Ce phénomène se produit lorsque la zone de charge du drain entre en interaction avec la zone de charge à la source. Il dépend aussi fortement de la tension de drain, du dopage et de l'épaisseur (hauteur de drain).

Ce courant altère, non-seulement les caractéristiques de transfert, mais engendre également une consommation en puissance non-négligeable.

2. 3. 5. 7 Erreur d'appariement des transistors

L'erreur d'appariement est souvent due aux variations aléatoires des paramètres des procédés de fabrication des circuits intégrés. Parmi ces variations on peut citer la variation des quantités de charge dans le canal, la variation de l'épaisseur d'oxyde, la variation de la mobilité…. Pour le transistor MOS, ces défauts d'appariement conduisent à une déviation dans les valeurs de la tension de seuil V_{TH} et du facteur de transconductance β qui sont décrites selon Pelgrom [Pel89] [Mic94] par :

$$\sigma_{V_{Th}}^2 = \frac{A_{VTh}^2}{WL} + S_{V_{T0}}^2 D^2 \approx \frac{A_{VTh}^2}{WL} \qquad (2\text{-}34)$$

$$\sigma_{\beta}^2 = \frac{A_{\beta}^2}{WL} + S_{\beta}^2 D^2 \approx \frac{A_{\beta}^2}{WL} \qquad (2\text{-}35)$$

où A_{VTH}, A_{β}, S_{VT0} et S_{β} sont des coefficients propres à la technologie utilisée (figure 2-16). D est la distance entre deux transistors.

Comme le coefficient de corrélation entre l'erreur en V_{TH} et β est pratiquement nul, la déviation standard du courant drain-source en fonction de ces deux derniers paramètres. Deux situations méritent d'être considérées :

- Pour des transistors qui ont la même tension de grille, comme dans le cas du miroir de courant, en utilisant les relations 2-34 et 2-35, on peut écrire l'erreur du courant dans les transistors MOS :

$$\frac{\sigma_{I_{DS}}}{I_{DS}} = \sqrt{\left(\frac{\sigma_{\beta}}{\beta}\right)^2 + \left(\frac{g_m}{I_{DS}}\right)^2 (\sigma_{V_{TH}})^2} \qquad (2\text{-}36)$$

D'après cette dernière équation, on peut remarquer que pour le régime de faible inversion ($I_C \ll 1$), la déviation est maximale et principalement due à la déviation de la tension de seuil, puisque le rapport g_m/I_{DS} est maximal dans ce mode de fonctionnement (voir figure 2-7).

- Pour une paire de transistors qui ont le même courant de drain et la même tension de source, comme dans le cas de la paire différentielle, l'erreur d'appariement équivalente de la tension de grille est donnée par :

$$\sigma_{\Delta V_G} = \sqrt{\left(\sigma_{V_{TH}}\right)^2 + \left(\frac{I_{DS}}{g_m}\right)^2 \left(\frac{\sigma_\beta}{\beta}\right)^2} \qquad (2\text{-}37)$$

Donc la déviation de la tension de grille est maximale en forte inversion car le rapport g_m/I_{DS} est minimal ; et elle est seulement égale à ΔV_{TH} en faible inversion.

L'évolution des paramètres A_{VTH} et A_β avec les technologies est montrée à la figure 2-16. On constate que la valeur de A_{VTH} décroît avec la technologie. Ceci signifie que au fur et à mesure que la technologie avance, l'appariement des transistors MOS est amélioré. En général l'erreur d'appariement globale d'un circuit CMOS, dépend des tailles, du mode de fonctionnement des transistors et de l'architecture utilisée.

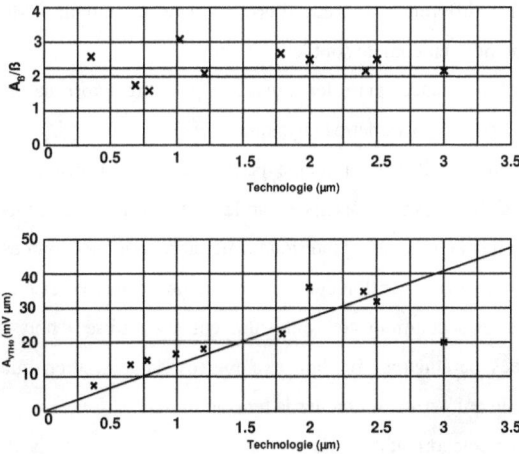

Figure 2-16. Valeurs des A_β/β et A_{VTH} pour différentes technologies [Ser03]

2. 3. 6 Dimensionnement des transistors

Le circuit analogique est sensible à toutes les sources d'erreur. Il demande beaucoup de précautions dans la phase de conception. Il est à noter que les seuls paramètres d'un transistor ajustables par le concepteur sont les paramètres géométriques (voir figure 1-16). Il s'agit :

- Des dimensions de la grille L (longueur du canal) et W (Largeur de la grille).
- Des dimensions de la source et du drain, définies généralement par leurs aires respectives A_s et A_d et leurs périmètres respectifs P_s et P_d. Ces dimensions sont généralement fixées aux dimensions minimales permises par la technologie pour limiter au maximum les effets parasites (courants de fuite, capacités parasites).
- De la forme du transistor et en particulier de la forme de la grille (droite, en U, en L, en S…). et aussi du choix de l'architecture du circuit permettent un bon appariement des transistors (structure centroïde, symétrie axiale …).

Tous les autres paramètres technologiques (épaisseur d'oxyde, dopages…) sont définis par le fondeur et représentent pour le concepteur des « contraintes technologiques ». Les paramètres ajustables par le concepteur sont eux mêmes soumis à des contraintes. Celles-ci imposent des dimensions minimales et maximales, des distances minimales entre les différentes couches, des distances minimales entres les MOS…Toutes ces contraintes définissent les règles de dessin d'une technologie.

Pour minimiser les différentes sources d'erreurs dans un circuit CMOS, les principales considérations à prendre en compte sont les suivantes :

- Minimiser les distances entre les transistors pour tirer profit de la corrélation spatiale des fluctuations des paramètres physiques.
- La température doit être la même pour tous les transistors, ce qui n'est pas un problème si la puissance dissipée par le circuit est faible. Sinon, les transistors à apparier doivent être situés symétriquement par rapport aux sources dissipatives.
- Les transistors à apparier doivent avoir les mêmes formes et les mêmes tailles
- Des structures « common centroid » doivent être utilisées pour annuler le gradient constant des paramètres. Un bon exemple est la réalisation quadruple de la paire différentielle qui permet d'annuler la tension d'offset.
- Garder la même orientation des composants pour éliminer la dissymétrie due aux étapes de fabrication.
- Les composants doivent avoir le même environnement pour éviter toute perturbation.
- Ne pas utiliser des dimensions minimales pour éviter les effets de bord.

La figure 2-17 présentent quelques exemples de considérations pratiques que le concepteur est amené à prendre lors du dimensionnement d'un transistor. Les figures 2-17-a et 2-17-b donnent la variation du bruit en fonction des dimensions du transistors ,respectivement, à courant et fréquence constants. On remarque que pour un courant I_D constant, lorsque on augmente le rapport W/L, le bruit thermique diminue jusqu'à une limite donnée par le bruit de grenaille, où le bruit thermique devient indépendant des paramètres géométriques (voir équations 2-21 et 2-22). Le bruit de Flicker diminue lorsque le produit W.L augmente (équation 2-23). Les figures 2-17-c et 2-17-d donnent les erreurs d'appariement en fonction du coefficient d'inversion et des paramètres géométriques des transistors, respectivement pour un miroir de courant et pour la paire différentielle (équations 2-36 et 2-37).

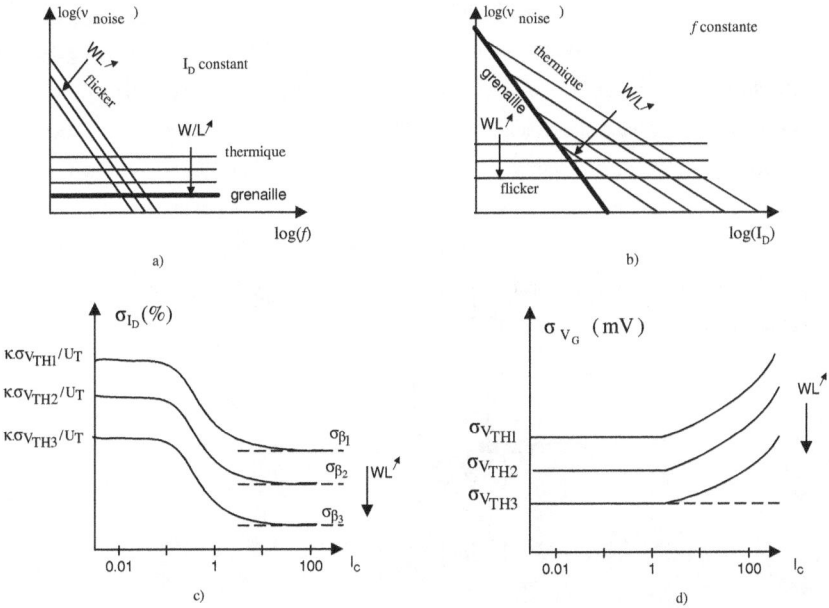

Figure 2-17. Evolution en fonction des paramètres géométriques et du mode de fonctionnement du transistor a,b) du bruit du transistor MOS c,d) des erreurs d'appariements

2. 7 Transistors pour réduire la tension d'alimentation

La tension d'alimentation minimum d'un circuit analogique dépend de la tension de seuil du transistor MOS, des niveaux de polarisation et de l'architecture utilisée. Pour obtenir la tension d'alimentation la plus basse possible, les transistors doivent être polarisés en faible inversion, étant donné que ceci induit la plus petite tension de grille-source possible pour un transistor donné. Cependant, même avec des transistors polarisés en faible inversion, à des faibles tensions d'alimentation, la plage des signaux admissibles se trouve réduite surtout si l'architecture du circuit comporte des transistors empilés. Dans la littérature, deux solutions ont été trouvées qui permettent de réduire la tension d'alimentation. Il s'agit de l'utilisation des transistors commandés par leurs substrats ou des transistors à multiples entrées et grilles flottantes. Les paragraphes suivants sont consacrés à la présentation de ces transistors. Nous présentons principalement leurs principes de fonctionnement. Les modèles et les analyses présentés dans les paragraphes précédents restent valables pour les deux types de transistors.

2. 7. 1 Transistor Commandé par le substrat (BD-MOS)

A l'origine, les transistors commandés par le substrat (BD-MOS) (voir figure 2-18-a) ont été utilisés pour la première fois par Guzinski, en 1987 [Guz87], afin d'obtenir des faibles valeurs de transconductance et d'augmenter la linéarité de l'amplificateur transconductance. Cette technique consiste à commander le transistor MOS par son substrat (en gardant V_{gs} constant) et non pas par sa grille. Pour une tension V_{GS} donnée, un canal est déjà crée et la tension appliquée sur le substrat sert alors à moduler le canal. Le substrat joue le rôle de la grille d'un transistor MOS classique et le transistor fonctionne comme un transistor à déplétion JFET. (voir la figure (2-18-b)).

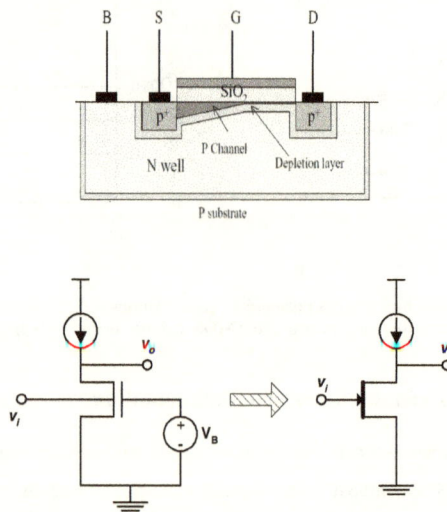

Figure 2-18. a) structure du Transistor BD-MOS b) transistor BD-MOS équivalent à un transistor à déplétion JFET

Ces transistors possèdent les avantages suivants :

- La contrainte de saturation du transistor ($V_{GS} > V_{TH}$) est levée. Donc la tension d'alimentation peut être réduite [Fri96] [Las00].

- La transconductance du transistor BD-MOS est réduite d'un facteur de 0,2 à 0,4 par rapport au transistor MOS classique (utile dans le cas des filtres OTA-C très basse fréquence).

Cependant, les principaux inconvénients peuvent être résumés :

- Pour des tensions de substrat inférieure à 1 V, le transistor BD-MOS souffre de l'effet du transistor bipolaire. En effet comme montré à la figure 2-19, le circuit équivalent du transistor BD-MOS contient deux transistors bipolaires parasites. Pour des faibles tensions de substrat (<1V), les jonctions substrat-source et substrat-drain sont polarisées en direct, et les transistors bipolaires formés par ces jonctions deviennent passants et dérivent le courant du transistor MOS.

- La haute sensibilité de la transconductance du substrat aux fluctuations des paramètres technologiques.

- Cette technique exige que tous les transistors MOS sur un même substrat aient leur terminal substrat isolés, ce qui complique la conception et augmente les erreurs d'appariement. De plus pour une technologie CMOS simple caisson, caisson P (P-well) par exemple, on peut implémenter seulement des transistors BD-MOS à canal N . Donc cette technique ne convient pas à la technologie complementary-MOS (CMOS) où des transistors N et P sont demandés.

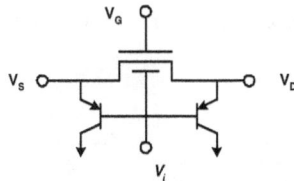

Figure 2-19. Transistors bipolaire inhérents au BD-MOS

2. 7. 2 Transistor à multiples entrées et grille flottante (MIFG-MOS) :

Longtemps utilisés dans la conception des mémoires EPROM et EEPROM |Kan67] [Lai98], aujourd'hui plusieurs blocs analogiques[Sac98] [Ram95] sont basés sur des transistors MIFG-MOS (figure 2-20). Le transistor MIFG-MOS est un transistor MOS où la grille est couplée avec n-capacités poly1/poly2 en parallèle (figure 2-20-a). Le modèle capacitif du MIFG-MOS est présenté à la figure 2-21.

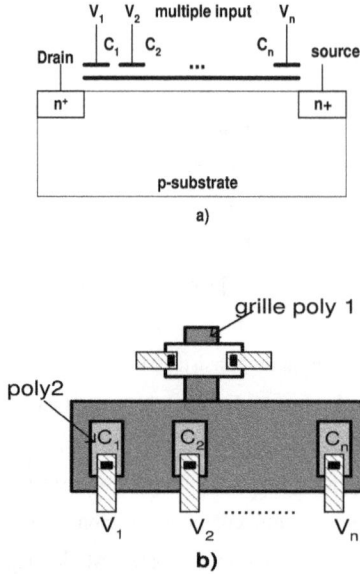

Figure 2-20. le transistor MIFG-MOS a) structure physique b) implémentation physique

En écrivant l'équation de la conservation de charge

$$- \sum_i Qi = Q \tag{2-38}$$

On obtient l'expression de la tension de grille du transistor MIFG-MOS :

$$V_{FG} = \frac{\sum_{i=1}^{n} C_i V_i + C_{GS} V_S + C_{GD} V_D + C_{GB} V_B + Q}{C_T} \tag{2-39}$$

avec

$$C_T = C_{GS} + C_{GD} + C_{GB} + \sum_{i=1}^{n} C_i \tag{2-40}$$

Q est la quantité de charges initiales présentes dans la grille flottante du MOS.

Les expressions du courant drain-source d'un transistor MIFG-MOS peuvent être obtenues en remplaçant la tension de grille du transistor MOS dans les équation (2-1) à (2-5) par l'expression (2-39).

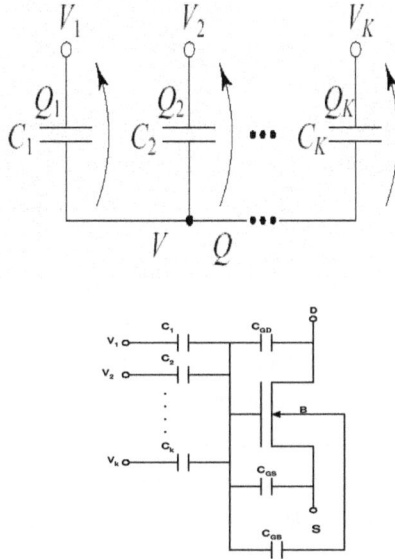

Figure 2-21. Modèle capacitif du transistor MOS

Si on prend l'exemple du transistor MOS à deux entrées (figure 2-22), en négligeant les charges initiales et les capacités parasites, la tension de grille du transistor peut être donnée par :

$$V_{FG} = w_1 V_i + w_2 V_{POL} \qquad (2\text{-}41)$$

avec

$$w_1 = \frac{C_1}{C_1 + C_2} \qquad (2\text{-}42\text{-}a)$$

$$w_2 = \frac{C_2}{C_1 + C_2} \qquad (2\text{-}42\text{-}b)$$

D'après l'expression 2-41, le couplage capacitif introduit une translation du niveau du signal appliqué sur la grille du transistor MOS ce qui a pour conséquence de diminuer la tension de seuil V_{TH}. La nouvelle tension du seuil équivalente du transistors MIFG-MOS est alors donnée par :

$$V_{TH} = \frac{1}{w_1}(V_{TH0} - w_2 V_{POL})$$ (2-43)

En choisissant convenablement la tension de polarisation V_{pol} et les rapports w_i ($w_1 < w_2$), la tension de seuil du MIFG-MOS peut être réduite, ce qui permet de réduire la tension d'alimentation. Cette propriété est extrêmement importante pour développer des fonctions analogiques faible tension d'alimentation et faible consommation. Cela peut être exploité pour empiler des transistors entre les deux rails d'alimentation sans augmenter la tension d'alimentation.

Un autre intérêt de l'utilisation des transistors MIFG-MOS est la possibilité d'augmenter la linéarité des blocs analogiques en choisissant $w_1 < w_2$, en introduisant une atténuation par le couplage capacitif. Les entrées multiples d'un transistor MIFG-MOS peuvent aussi être exploitées pour réaliser avantagement de nombreuses fonctions analogiques [Rod03] [Ser03].

Les deux principaux inconvénients de ces transistors sont les charges initiales dans l'oxyde de grille des transistors MIFG-MOS et les capacités parasites inhérentes à la structure MOS. Ces deux inconvénients sont traités dans les deux paragraphes suivants.

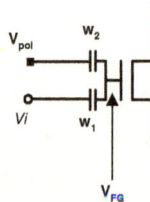

Figure 2-22. translation du niveau du signal introduite par un MIFG-MOS

2. 7. 2. 1 Effet des charges piégées

Pendant les étapes de fabrication, des charges peuvent être piégées dans l'oxyde de grille du transistor MIFG-MOS. Ces charges piégées introduisent une variation de la tension de seuil des transistors MIFG-MOS. L'effet de ces charges dépend de l'architecture du circuit et de ses caractéristiques.

Dans la littérature, il existe plusieurs solutions pour compenser les charges piégées dans l'oxyde des grille des MIFG-MOS. Ces solutions sont l'exposition aux rayon UV [Ram01], l'utilisation de l'effet tunnel, l'injection d'électrons chauds [Has97] et l'utilisation de switchs pour décharger les capacité C_{ox} [Kot98]. La première solution impose un traitement post-process du circuit. La deuxième solution impose des hautes tensions, ce qui n'est pas compatible avec un circuit faible tension d'alimentation. La troisième solution a été implantée avec succès dans des circuits numériques et des convertisseurs analogique-numérique. Cependant cette technique n'est pas compatible avec les opérateurs temps-continu. Une autre solution consiste à fixer le potentiel de grille des transistor MIFG-MOS par une très grande résistante (transistors QMIFG- MOS) [Ram03].

Notons enfin, une solution alternative proposée récemment par Rodriguez-Villegas [Rod03]. Elle consiste à ajouter un contact poly1/métal 2 à la grille du transistor MIFG-MOS (voir figure 2-23). Le métal 2 est la dernière couche à être déposée et gravée dans une technologie à deux niveaux de métal. Si le circuit contient d'autre contacts métal 2, par exemple des contacts métal2/substrat, les charges piégées dans le volume peuvent être déchargées dans le substrat, aucun traitement post-fabrication n'est alors nécessaire.

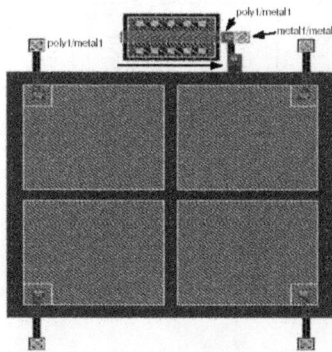

Figure 2-23 évacuation des charges piégées dans l'oxyde par les contacts métal2/poly1

2. 7. 2. 2 Effet des capacités parasites et de l'erreur des rapports des capacités

Les capacités parasites intrinsèques au transistor MOS peuvent introduire une déviation de la tension de la grille flottante dans le cas des transistors MIFG-MOS (voir équation 2-39). L'effet de ces capacités peut être fortement réduit par un choix adéquat des paramètres géométriques des transistors MIFG-MOS et de la capacité totale C_T (équation 2-39). Le choix du W et du L du transistor MIFG-MOS doit être fait en tenant en compte du mode de fonctionnement du transistor et des deux tensions d'alimentation. Par exemple, pour un transistor MIFG-MOS polarisé en faible inversion, les capacités les plus importantes sont C_{GB} et C_{GS}, et l'effet de la capacité C_{GB} peut être négligé si la tension de polarisation du substrat est nulle. Un bon compromis est par exemple de choisir C_T dix fois supérieur aux capacités C_{GS} et C_{GB}.

L'erreur sur les rapports des capacités w_1 et w_2 peut être minimisée par l'utilisation de la configuration dite "common centroïd" (voir figure 2-24) pour réaliser les rapports des capacités. Cette technique permet une précision maximale de 1% [McN94]. Cependant, une meilleure précision, de l'ordre de 0.1%, peut être obtenue en utilisant les techniques de dessin des masques rapportées dans [McN94] [Min96b].

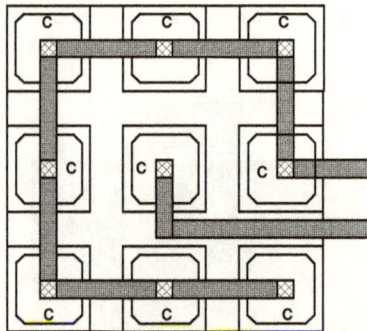

Figure 2-24 Réalisation de rapport de capacités précis avec la technique "common centroid"

2. 8 Fonctions analogiques à très faible tension d'alimentation

Baisser la tension d'alimentation dans un circuit analogique pose de sérieuses contraintes. Pour une structure donnée, toute diminution de la tension d'alimentation se traduit par la même diminution ou plus de la dynamique d'entrée du signal. Une solution consiste alors à adopter une structure Rail-To-Rail, c'est à dire une dynamique qui couvre toute la plage entre les deux valeurs de tensions d'alimentation. Avec des transistors MOS classiques, une telle structure est obtenue avec des transistors PMOS et NMOS en parallèles. Cette technique est coûteuse en terme de consommation et de surface, car elle augmente le nombre de transistors en plus de la nécessité de circuits supplémentaires pour garder une valeur constante de la transconductance, lorsque le signal d'entrée varie entre les deux tensions d'alimentation.

Les transistors MIFG-MOS décrits dans le paragraphe précédent, possèdent les propriétés intrinsèques de la translation du niveau de signal et de la diminution de la tension de seuil. En choisissant convenablement les paramètres de ces transistors (V_{pol}, w_i), une dynamique d'entrée Rail-To-Rail avec des faibles tensions d'alimentation peut être obtenue en utilisant des transistors MIFG-MOS dans l'étage d'entrée. C'est cette solution qui sera adoptée dans toute ce manuscrit.

2. 9 Fonctions analogiques à très faible consommation

Pour développer des fonctions analogiques ayant une très faible consommation, les courants et la tension de polarisation doivent être minimisées. Si on se réfère au paragraphe 2. 3, en terme de courant et de tension drain-source de saturation, le transistor MOS en faible inversion est idéal pour développer de telles fonctions. Cependant, il ne faut pas perdre de vue que les charges à attaquer dans un transistor MOS sont essentiellement capacitives, donc plus les courants sont faibles, plus les temps de réponse sont importants. Ainsi, le transistor MOS en faible inversion est donc adapté à la réalisation de fonctions analogiques dédiées à des applications faibles fréquences (< 1 KHz), et plus particulièrement pour développer des amplificateurs transconductance (OTA) dédiés à réaliser des filtres temps-continu OTA-C très basse fréquence de coupure, où des faibles valeurs de transconductances sont nécessaires en raison des faibles valeurs de capacités intégrables.

L'inconvénient majeur d'un OTA classique en faible inversion est la plage linéaire très réduite résultant du comportement exponentiel du transistor MOS dans ce mode de fonctionnement. L'utilisation des transistors MIFG-MOS dans l'étage d'entrée de l'OTA, augmente considérablement la linéarité et réduit la valeur de la transconductance ce qui permet de réduire les valeurs de capacités et donc développer des filtres OTA-C entièrement monolithiques.

2. 10 Conclusion

Au fil de ce chapitre, nous avons présenté les caractéristiques du transistor MOS et son comportement électrique dans les trois modes de fonctionnement : inversion faible, forte et modérée. Le choix du mode à utiliser pour la conception d'un circuit doit prendre en compte tous les aspects et les limitations qu'imposent à la fois l'application et la technologie. On a également présenté les principes et les effets secondaires des transistors BD-MOS et MIFG-MOS.

L'exploitation des trois modes de fonctionnement du transistor MOS est bénéfique à la conception des circuits analogiques, car elle répond à des nouvelles contraintes imposées, non seulement par la diminution de la tension d'alimentation et de la consommation, mais aussi des fois par le type d'application en elle même. Un exemple est le développement de filtres temps continu OTA-C, qui nécessite de faible valeurs de transconductance. L'utilisation des transistors en faible inversion permet de disposer de faibles transconductances.

Cependant, l'exploitation de toute la gamme de fonctionnement n'est pas suffisante pour apporter des réponses à toutes les contraintes, comme la dégradation de la linéarité avec la diminution de la tension d'alimentation. Au contraire, la linéarité de quelques circuits analogiques comme l'OTA se trouve dégradée si on passe du mode de la forte inversion aux autres mode de fonctionnement à cause du comportement exponentiel.

La solution des transistors MIFG-MOS apparaît alors comme une réponse fiable et innovante pour améliorer la linéarité du circuit analogique. Ces transistors possèdent les mêmes caractéristiques qu'un transistor MOS classique, avec l'avantage de posséder des entrées multiples qui offrent plus de flexibilité pour concevoir des circuits analogiques. C'est donc la méthode de conception adoptée au cours de cette thèse : le prochain chapitre en présente l'utilisation pour augmenter la linéarité de l'amplificateur transconductance.

Chapitre 3 OTA Faible Tension et Faible Consommation Pour Applications Basses Fréquences

3.1 . Introduction :

L'amplificateur opérationnel transconductance (OTA) est un opérateur très utilisé dans les systèmes portables ou embarqués. Son utilisation dans l'électronique dédiée au traitement (amplification, filtrage, multiplication...) de signaux analogiques provenant de capteurs est de plus en plus fréquente [Joh97] [Ham03] [Har03]. La consommation et la tension d'alimentation deviennent alors des paramètres essentiels. En effet ces systèmes sont généralement alimentés par des batteries et doivent donc absolument consommer le moins possible et avoir des tensions d'alimentation les plus basses possibles.

Une des applications principales de l'OTA est la réalisation de filtre monolithique OTA-C temps-continu [Chr03] [Sar98]. Pour des applications très faibles fréquences, un filtre réalisé à partir de transconductances et de capacités (C) présente de nombreux avantages, notamment en fréquence, consommation et surface, sur les filtres à temps-discret [Pap97].

La fréquence de coupure d'un filtre OTA-C est donnée par le rapport transconductance/capacité et, puisque les valeurs de C « intégrables » sont limitées en technologie CMOS (quelques dizaines de pico-Farad), il est indispensable de développer des OTAs avec des faibles valeurs de transconductances pour permettre des filtres monolithiques à faible fréquence de coupure.

Si on se réfère à la section 2. 3 du deuxième chapitre, le régime de faible inversion est intéressant pour développer des faibles transconductances à très faibles consommation et tension d'alimentation en basse fréquence. Ce chapitre présente l'ensemble de l'étude que nous avons effectuée sur cet opérateur de base dans ce mode de fonctionnement. Nous le commençons en présentant les contraintes sur la conception de l'OTA. Un comparatif sur les différentes architectures, les différentes techniques de linéarisation associées sera donné par la suite ainsi que de nouvelles structures à base de transistors MIFG-MOS permettant d'augmenter la linéarité, de diminuer la transconductance et la consommation/tension. L'étude détaillée des architectures proposées (simulations, effets secondaires, ...) est présentée à la section 3. 6. Nous terminons ce chapitre en donnant les résultats de tests du circuit fabriqué.

3. 2 Considérations générales

L'amplificateur opérationnel transconductance (OTA) est un opérateur linéaire analogique, qui convertit une tension différentielle en courant (voir figure 3-1), sa fonction de transfert est donnée par :

$$I_{out} = G_m \, V_{id} \tag{3-1}$$

où V_{id} est la tension différentielle d'entrée, I_{out} le courant de sortie et G_m est le paramètre transconductance.

Un OTA idéal possède les quatre propriétés suivantes :

- Une plage linéaire infinie (G_m est indépendante de la tension d'entrée).
- Une bande passante infinie (G_m est indépendante de la fréquence).
- Des impédances de sortie et d'entrée infinies.
- La transconductance doit être ajustable électriquement pour corriger d'éventuelles fluctuations et permettre le réglage de Gm.

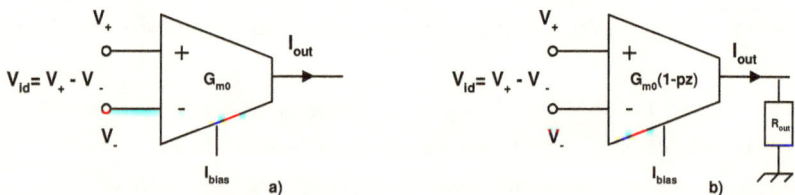

Figure 3-1. Symbole de l'OTA à sortie simple a) modèle idéal b) modèle Réel

L'OTA réel présente des performances limitées et il est principalement caractérisé par les aspects suivants :

La plage linéaire : la plage linéaire est étroitement liée au mode de fonctionnement des transistors. En général, la transconductance d'un OTA CMOS classique dépend de la tension d'entrée différentielle $G_m=f(V_{id})$. Cette dépendance introduit l'erreur de non-linéarité ce qui dégrade la dynamique des signaux du système réalisé. La diminution de cette erreur non-linéaire dans une grande plage d'entrée est difficile. En conséquence, la linéarisation devient le problème le plus important dans la conception de l'OTA.

La bande passante : les capacités parasites intrinsèques au transistor MOS et les nœuds internes de l'OTA introduisent des pôles et des zéros qui dégradent le comportement fréquentiel et limitent la bande passante. La minimisation du nombre des nœuds internes et l'optimisation des dimensions géométriques des transistors permettent en général d'optimiser la bande passante.

Impédances d'entrée et de sortie : l'impédance d'entrée de l'OTA est donnée par l'impédance d'entrée du transistor MOS. Cependant, la résistance de sortie est déterminée par les résistances drain-source des transistors de sortie qui peuvent être de valeurs relativement faibles (suivant le mode de fonctionnement des transistors). On modélise alors l'OTA par le schéma de la figure 3-1-b.

La plage de Gm : les valeurs de Gm sont données par le régime de fonctionnement et les courants de polarisation. Une grande plage de réglage de Gm peut être obtenue en optimisant les dimensions géométriques des transistors. Cette possibilité d'ajustement de Gm est très intéressante, d'abord pour corriger les éventuelles déviations dues aux imperfections de la technologie, ensuite, pour le réglage de la fréquence de coupure dans le cas des filtres OTA - C.

Le bruit : Comme dans tous les circuits analogiques, le bruit est un autre facteur qui influence directement la dynamique du système. La minimisation du bruit peut être effectuée par le choix des tailles des transistors, du courant de polarisation et par la minimisation du nombre de branches de courant présentes dans le circuit.

3. 2. 1 OTA faible transconductance, faibles consommation et tension d'alimentation

La structure de l'amplificateur transconductance CMOS de base est présentée à la figure 3-2. L'entrée est constituée d'une paire différentielle pour ses très bonnes performances en dynamique, CMRR[2], PRSS[3] et en fréquence. La transconductance et la plage linéaire de l'OTA sont données par le mode de fonctionnement des transistors de la paire différentielle. Les structures d'OTA, faibles transconductances, tension et consommation, publiées dans la littérature peuvent être classées en deux catégories :

OTA à paire différentielle en faible inversion : la cellule de base est une paire différentielle à transistors MOS polarisés en faible inversion [Com04] [Sto02] [Dew97]. La polarisation des transistors en faible inversion permet des faibles valeurs de transconductance. Cependant, la plage linéaire est très réduite à cause du comportement exponentiel du MOS. Différentes techniques de linéarisation ont été utilisées dans le but d'améliorer la linéarité comme la dégénérescence de source, l'utilisation des transistors commandés par le substrat (BD- MOS) [Pop 03] ou des transistors à multiples entrées et grille flottante (MIFG-MOS) [Rod04].

OTA à paire différentielle en forte inversion : en forte inversion, la plage linéaire de l'OTA est supérieure par rapport au cas où il est polarisé en faible inversion, mais la difficulté porte sur la diminution de la transconductance et de la tension d'alimentation. Des solutions (MIFG-MOS + large facteur de division, BD-MOS + large facteur de division) permettant des faibles transconductances en forte inversion ont été présentées dans [Vee02]. Ces solutions permettent des transconductances de l'ordre de quelques dizaines de nS avec une tension d'alimentation de 2.7 V. Cependant, les circuits proposés sont polarisés avec des faibles courants de polarisation (de l'ordre de quelques nA), ce qui nécessite l'utilisation des transistors à très long canal pour permettre leurs saturation. Ces techniques augmentent considérablement les surfaces occupées (entre 0.2 et 4.65 mm^2 pour un seul OTA), et l'utilisation de larges facteurs de division de courant augmente la tension d'offset, le bruit et la consommation totale. Par ailleurs, les valeurs minimales de transconductance obtenues par ces solutions restent relativement élevées et ne permettent pas de réaliser des filtres très basse fréquence entièrement monolithique.

---

[2] CMRR : taux de réjection de mode commun
[3] PRSS : taux de rejection d'alimentation

Dans ce travail, nous nous sommes d'avantage intéressé au régime de faible inversion, puisque les transconductances sont minimales dans ce mode de fonctionnement et que l'OTA à développer est destiné à des applications faibles fréquence, et que ce mode présente les avantages d'une faible consommation et d'une faible tension d'alimentation. L'étude détaillée des différentes techniques de linéarisation fait l'objet des sections suivantes.

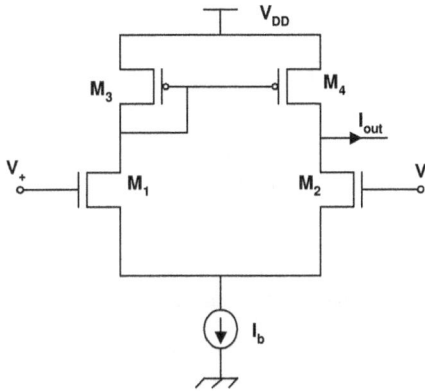

Figure 3-2 Amplificateur transconductance CMOS de base

3. 3 La paire différentielle en faible inversion :

3. 3. 1 Linéarité en mode différentiel :

En supposant que les transistors M_1 et M_2 de la figure 3-3 sont en saturation de la faible inversion, on peut écrire d'après l'équation (1-4) les deux équations suivantes :

$$I_b = I_1 + I_2 = I_{D0} \exp(-V_S)(\exp(\kappa V_1) + \exp(\kappa V_2)) \qquad (3\text{-}2\text{-}a)$$

$$I_{out} = I_1 - I_2 = I_{D0} \exp(-V_S)\left(\exp(\kappa V_1) - \exp(\kappa V_2)\right) \qquad (3\text{-}2\text{-}b)$$

d'où la fonction de transfert de la paire différentielle :

$$I_{out} = I_b \tanh(\frac{V_{id}}{V_L}) \qquad (3\text{-}3)$$

avec $V_{id} = V_1 - V_2$ la tension différentielle d'entrée, $V_L = \dfrac{2U_T}{\kappa}$, I_b le courant de polarisation, kappa est l'inverse du coefficient de faible inversion ($\kappa \approx 0.7$), U_T le voltage thermique (à la température ambiante $U_T \approx 26mV$).

La transconductance est donnée par :

$$G_m = \frac{\partial I_{out}}{\partial V_{id}} = G_{m0}(1 - \tanh^2(\frac{V_{id}}{V_L}))$$ (3-4)

avec $G_{m0} = \dfrac{I_b}{V_L}$ la valeur de transconductance nominale.

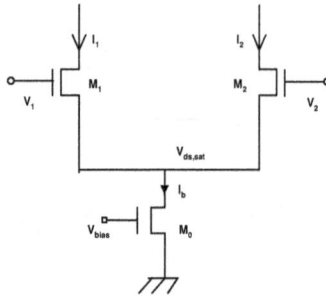

Figure 3-3. Paire différentielle MOS

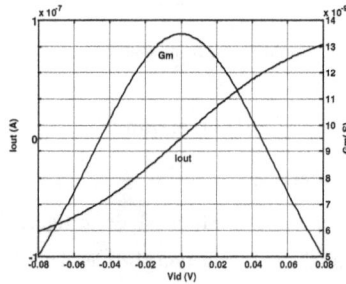

Figure 3-4. Caractéristiques de la paire différentielle : I_{out} et G_m en fonction de Vid

L'équation (3-4) montre que G_m est directement proportionnelle au courant de polarisation et dépend fortement de la tension d'entrée, surtout pour des V_{id} importants. En développant l'équation (3-3) en série de Taylor on obtient :

$$I_{out} = I_b \left[\frac{V_{id}}{V_L} - \frac{1}{3}\left(\frac{V_{id}}{V_L}\right)^3 + \frac{2}{15}\left(\frac{V_{id}}{V_L}\right)^5 + \cdots \right]$$ (3-5)

50

Si on suppose que la tension différentielle d'entrée est une sinusoïde d'amplitude Vp, le taux de distorsion harmonique (THD) est donné par (voir annexe I pour les calculs détaillés) :

$$THD = \sqrt{HD_3^2 + HD_5^2 + \cdots}$$ (3-6)

avec $$HD_3 = \frac{1}{12} V_p^2$$ (3-6-a)

et $$HD_5 = \frac{1}{120} V_p^4$$ (3-6-b)

L'erreur de la non-linéarité vient principalement des distorsions harmoniques impaires et principalement de l'harmonique d'ordre 3 (voir tableau 3-1), les harmoniques d'ordre paires sont supprimées grâce à la structure différentielle. Pour un THD inférieur à 1% la tension différentielle d'entrée est limitée à 53 mV$_{pp}$ (figure 3-4). Cette faible plage linéaire rend la paire différentielle en faible inversion inutilisable pour la plupart des applications. Dans la littérature plusieurs techniques sont proposées pour tenter d'apporter des améliorations, nous présentons quelques unes dans ce qui suit.

ordre de l'harmonique	contribution dans le THD (%)
HD$_3$	98
HD$_5$	0.8
HD$_7$	0.04

Tableau 3-1. Contribution des harmoniques dans le THD

3. 3 .2 Plage d'entrée en mode commun :

La plage de fonctionnement en mode commun est donnée par la condition de saturation du transistor M_0 ($V_{ds,sat} \gg 4U_T$, $V_{ds,sat}$ est la tension drain-source du transistor M_0), cette condition peut être décrite avec :

$$\exp(-\frac{V_{ds,sat}}{U_T}) = \frac{\exp(-\frac{\kappa V_{bias}}{U_T})}{\exp(-\frac{\kappa V_{bias}}{U_T}) + \exp(-\frac{\kappa V_1}{U_T}) + \exp(-\frac{\kappa V_2}{U_T})} \ll 1$$ (3-7)

La tension $V_{ds,sat}$ peut être écrite sous la forme :

$$V_{ds,sat} \approx \kappa(\max(V_1, V_2) - V_{bias}) \tag{3-8}$$

d'où on peut en déduire la relation qui détermine la plage d'entrée en mode commun de la paire différentielle :

$$\max(V_1, V_2) > V_{bias} + \frac{4}{\kappa} U_T \tag{3-9}$$

D'après l'équation 3-9, la plage d'entrée en mode commun est limitée pour la paire différentielle classique. Pour avoir une entrée Rail-To-Rail, l'entrée de l'OTA doit être formée par deux paires N et PMOS en parallèle comme décrit dans [Bot93].

3. 4 Techniques de linéarisation

3. 4. 1 Paire différentielle avec dégénérescence de source

Le principe consiste à linéariser l'OTA par introduction d'une contre-réaction négative locale. Dans la littérature, trois circuits ont été proposés [Fur95] dont les schémas sont donnés à la figure 2-5. Pour le circuit a) la contre-réaction est introduite par un transistor en saturation connecté en diode, alors que pour les circuits b) et c) la contre réaction est introduite par des transistors polarisés en région ohmique.

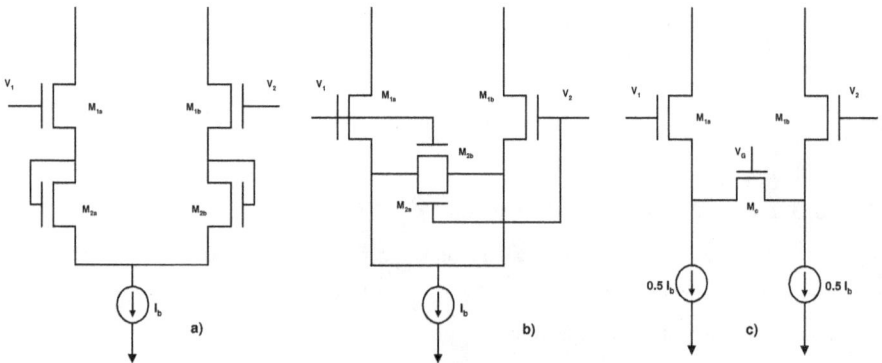

Figure 3-5 Linéarisation avec dégénérescence de source a) transistor connecté en diode b) c) avec des transistors en régime ohmique

Pour le circuit a) la fonction de transfert est donnée par :

$$I_{out} = I_b \tanh(\frac{\kappa'}{2U_T} V_{id})$$ (3-10)

avec $\kappa' = \frac{\kappa^2}{\kappa+1}$. La dynamique d'entrée est de l'ordre de 70 mV pour un THD < 1%. La linéarité peut être considérablement améliorée en cascodant en série plusieurs diodes comme dégénérescence de source. L'inconvénient majeur de cette structure sera alors la plage d'entrée réduite en mode commun qui impose des tensions d'alimentation élevées.

Pour le circuit b) la fonction de transfert est donnée par :

$$I_{out} = I_b \tanh\left(\frac{\kappa}{2U_T} V_{in} - \tanh^{-1}[\frac{1}{4m+1} \tanh(\frac{\kappa}{2U_T} V_{in})]\right)$$ (3-11)

où m est le rapport des dimensions des transistors M_a et M_b.
En calculant la dérivée seconde de l'expression précédente, on trouve que le maximum de linéarité est donné pour m=0.5. Pour THD<1 %, la plage linéaire est de l'ordre de 100 mV$_{pp}$.

Pour le circuit c) la fonction de transfert est donnée par :

$$I_{out} = I_b \tanh\left(\frac{\kappa}{2U_T} V_{in} - \tanh^{-1}[\frac{\sinh(\frac{\kappa V_{id}}{2U_T})}{2m + \cosh(\frac{\kappa V_{id}}{2U_T})}]\right)$$ (3-12)

avec m le rapport des dimensions des transistors Ma et Mb.

Un maximum de linéarité est obtenu pour m =0.25 et pour $V_G=1/2(V_1+V_2)$ qui est de l'ordre de 117 mV. Il est à noter que cette configuration nécessite un circuit de détection du mode commun ce qui augmente la complexité du circuit.

3. 4. 2 Paire différentielle Asymétrique :

Elle est constituée de deux paires différentielles connectées comme montré à la figure 3-6. Les transistors des deux paires différentielles ont des dimensions différentes (dans un rapport m). En dimensionnant ainsi les transistors on crée un offset intentionnel. La fonction de transfert est donnée par :

$$I_{out} = \frac{I_b}{2} \tanh(\frac{\kappa V_{id}}{2U_T} + \frac{\ln(m)}{2}) + \frac{I_b}{2} \tanh(\frac{\kappa V_{id}}{2U_T} - \frac{\ln(m)}{2}) \qquad (3\text{-}13)$$

En calculant la dérivé seconde de l'expression précédente, on trouve que le maximum de linéarité est donné pour $m = 2 + \sqrt{3}$ et $m = \frac{1}{2 + \sqrt{3}}$. La plage linéaire est alors de 59 mV.

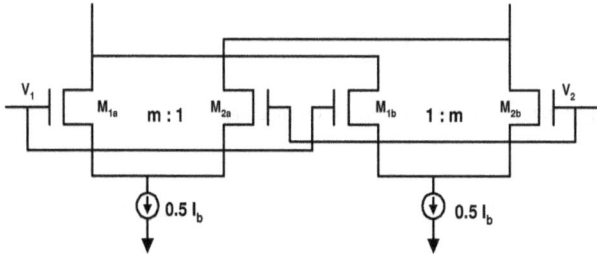

Figure 3-6. La paire différentielle Asymétrique

Toutes les structures des figures 3-5 et 3-6 ont des plages linéaires assez limitées (inférieure à 117 mV) ce qui reste insuffisant pour la plupart des applications. A base de transistors MOS classiques, la linéarité de la paire différentielle en faible inversion reste très réduite. Parallèlement, de nombreux concepts ont été introduits en vue d'améliorer la linéarité des cellules de transconductance (Gm). On distingue deux grandes classes de structures : les OTAs à base de transistors commandés par le substrat (BD-MOS) [Sar97] et à base de transistors à multiples entrées et grille flottante (MIFG-MOS) [Rod04]. Nous examinerons dans cette section les principales architectures CMOS de transconductances à base de ces transistors publiées dans la littérature.

3. 4. 3 Structures à base de transistors BD-MOS et MIFG-MOS

3. 4. 3. 1 Paire différentielle BD-MOS

Afin d'obtenir de faibles valeurs de transconductance et d'augmenter la linéarité de l'OTA Guzinski a proposé d'utiliser une paire différentielle à base des transistors commandés par le substrat (BD-MOS) [Guz87] au lieu des MOS classiques (voir figure 3-7).

Le courant drain source d'un transistor BD-PMOS est donné par :

$$I_{DS} = I_0 \exp(-\frac{\kappa V_{GS}}{U_T}) \exp(-\frac{(1-\kappa) V_{WS}}{U_T})$$ (3-14)

avec V_{GS} et V_{WS} sont, respectivement, les tensions grille-source et substrat-source.

La fonction de transfert de la paire différentielle est donnée alors par [Pop03] :

$$I_{out} = I_b \tanh(\frac{1-\kappa}{2U_T} V_{id})$$ (3-15)

Si on compare les expressions (3-3) et (3-15), on peut remarquer que la paire différentielle à base de transistors BD-MOS possède une plage linéaire plus grande que la paire différentielle classique. Pour une variation de transconductance de moins de 1%, la plage linéaire de la paire différentielles BD-MOS est de l'ordre de 200 mV$_{pp}$ contre 53 mV$_{pp}$ pour la paire MOS classique (voir figure 3-8).

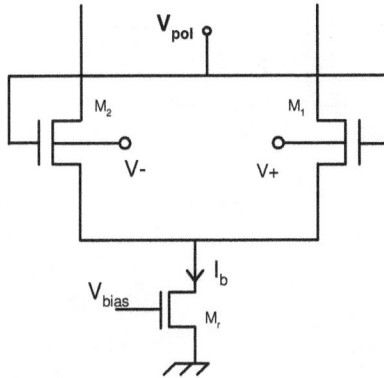

Figure 3-7. Paire différentielle avec des transistors BD-MOS

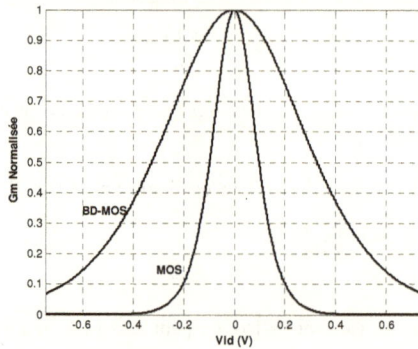

Figure 3-8. Amélioration de la linéarité de la paire différentielle par des transistors BD-MOS

3. 4. 3. 2 structure proposée par [Sar97]

Sarpeshkar [Sar97] combine l'utilisation des transistors BD-MOS avec trois autres techniques de linéarisation, à savoir la dégénération de source, la dégénération de grille, et la " Bump linéarisation technique " (voir figure 3-9).

En utilisant l'équation 2-13, la fonction de transfert et la transconductance de l'OTA sont données, respectivement, par :

$$I_{out} = I_b \frac{\sinh(2x)}{1 + w/2 + \cosh(2x)} \qquad (3\text{-}16)$$

$$G_m = \frac{I_b}{V_0} \qquad (3\text{-}17)$$

avec $x = V_{id}/V_0$, $V_0 = (2KT/q)\left(\dfrac{1 + (1/\kappa_p) + (1/\alpha.\kappa_n)}{(1 - 1/\alpha)}\right)$, w le rapport des tailles des transistors

B avec les transistors GM (voir figure 3-9). α est un facteur sans dimension calculé par le rapport tension/courant des transistors W, κ_n et κ_p sont donnés par l'inverse des coefficients de la faible inversion des transistor N et PMOS, respectivement.

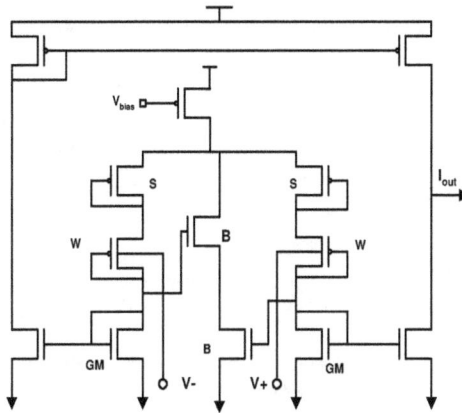

Figure 3-9. OTA proposé dans [Sar97]

En développant l'équation (3-16) en série de Taylor, on peut voir que la distorsion cubique peut être annulée pour w = 2, la linéarité est alors améliorée et la transconductance réduite d'un facteur 20. La plage d'entrée est de l'ordre de ±1.7 V sous une tension d'alimentation de 5 V. Malgré la grande plage linéaire obtenue et les faibles valeurs de transconductance, cette technique présente plusieurs inconvénients, principalement :

- L'effet des transistors bipolaires parasites inhérents au transistor BD-MOS, et qui impose que la tension d'entrée de mode commun soit supérieure à 1V (voir chapitre 2, paragraphe 2-7).
- La dépendance importante de la transconductance et de la plage linéaire en fonction de la tension de mode-commun et la sensibilité de la transconductance du substrat aux fluctuations des paramètres technologiques (voir figure 3-10).

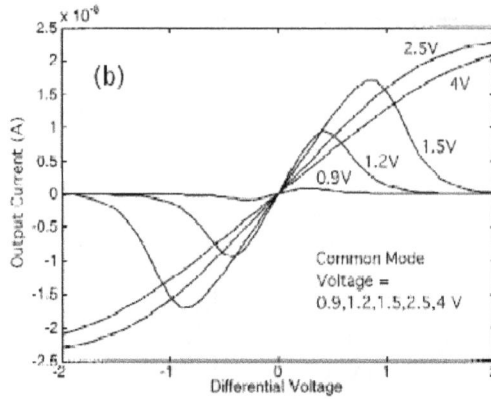

Figure 3-10. Fonction de transfert de l'OTA proposé dans [Sar97] : variation de la transconductance en fonction de la tension de mode commun

3. 4. 3. 3 Paire différentielle MIFG-MOS

La paire différentielle à base de transistors MIFG-MOS est montrée à la figure 3-11 [Yan94] [Min96b].

Si on suppose $C_T \gg C_{GS}$, C_{GD}, C_{GB} et que les charges piégées dans l'oxyde de la grille sont négligeables, le courant drain-source du transistor MIFG MOS en saturation est donné d'après les équations 2 - 3 et 2 - 39 par :

$$I_{ds} = I_0 (\frac{W}{L}) \exp(\frac{\kappa \sum_i w_i V_i - V_s}{U_T}) \tag{3-18}$$

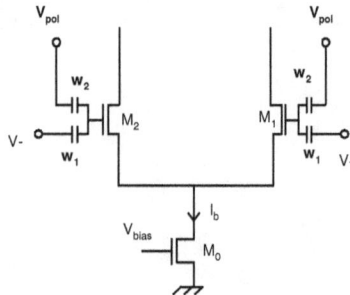

Figure 3-11. Paire différentielle avec des transistors MIFG-MOS

58

En appliquant l'expression précédente aux transistors $M_{1,2}$ de la paire différentielle, la fonction de transfert peut être calculée par :

$$I_{out} = I_b \tanh(w_1 \frac{\kappa}{2U_T} V_{id}) \qquad (3\text{-}19)$$

La transconductance est donnée par :

$$G_m = \frac{\kappa}{2U_T} w_1 I_b \qquad (3\text{-}20)$$

L'expression précédente montre qu'en choisissant w_1 le plus petit possible, la plage linéaire peut être sensiblement améliorée par rapport à la paire BD-MOS et la paire MOS conventionnelle. Cette amélioration est approximativement estimée par un facteur égal à w_1^{-1}. La valeur de la transconductance G_m est réduite par le même facteur. Pour $w_1 = 0.1$ et pour une variation de la transconductance de moins de 1%, la plage linéaire est de 0.5 Vpp. (voir figure 3-12).

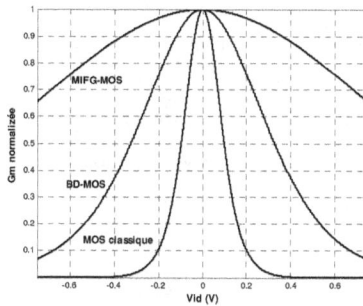

Figure 3-12. Caractéristiques de la paire différentielle MIFG-MOS

L'utilisation des transistors MIFG-MOS dans la paire différentielle apporte les avantages suivants :

-   Augmentation de la plage d'entrée de mode commun : D'après l'expression (2-41), le couplage capacitif introduit une translation du niveau du signal appliqué sur la grille du transistor MOS, qui a pour conséquence de diminuer la tension de seuil V_{TH}. En choisissant convenablement la tension V_{pol} et les rapports w_i, la tension de seuil du MIFG-MOS peut être considérablement réduite et la plage d'entrée de mode commun de la paire différentielle peut être Rail-To-Rail. Pour illustration, supposons que $V_{pol} = V_{dd} =1.5$ V, $w_1=0.2$ et $w_2=0.8$, si V_+ est dans l'intervalle [0 , 1.5 V], la tension équivalente de grille du transistor MIFG-MOS (M_1) est dans l'intervalle [1.2 ,1.5 V], donc la relation (3-9) est vérifiée (saturation du transistor M_0).

- Amélioration de la plage linéaire (d'un facteur w_1^{-1}) : en appliquant une tension de polarisation sur une capacité et le signal d'entrée sur l'autre et en choisissant $C_2 > C_1$, on introduit une atténuation du signal d'entrée qui améliore la plage linéaire différentielle de l'OTA.

- La réduction de la tension d'alimentation donc de la consommation.

- La diminution de la valeur de transconductances d'un facteur w_1.

- Le couplage capacitif du transistor MIFG-MOS permet une meilleur isolation du transistor contre les perturbations extérieures.

3. 5. Nouvelles architectures proposées :

3. 5. 1 Linéarisation par annulation de la distorsion cubique

Afin d'augmenter la linéarité de l'OTA, nous proposons d'utiliser la configuration présentée à la figure 3-13 [Elm04a] où un transistor M_3 (MIFG-MOS) est ajouté en parallèle avec la paire différentielle MIFG-MOS. La tension de grille du transistor M_3 est égale à la moyenne des tensions d'entrée V+ et V-. Pour $V_{pol,i}=V_{dd}$, les courants drain-source des transistors MIFG-MOS sont donnés par les relations suivantes :

$$I_1 = I_{D01} \exp\left(\frac{\kappa(w_1 V_+ + w_2 V_{dd}) - V}{U_T} \right) \qquad (3\text{-}21\text{-}a)$$

$$I_2 = I_{D02} \exp\left(\frac{\kappa(w_1 V_- + w_2 V_{dd}) - V}{U_T} \right) \qquad (3\text{-}21\text{-}b)$$

$$I_3 = I_{D03} \exp\left(\frac{\kappa(\frac{w_1}{2}(V_+ + V_-) + w_2 V_{dd}) - V}{U_T} \right) \qquad (3\text{-}21\text{-}c)$$

où w_i ($i = 1, 2$) est donné par le rapport du $i^{ème}$ capacité et de la capacité totale C_T.

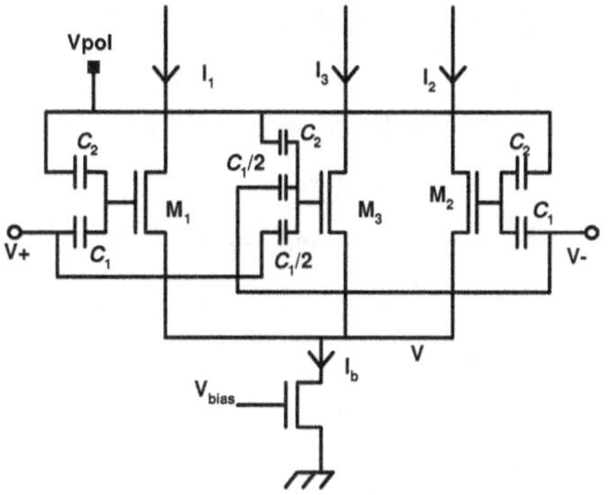

Figure 3-13. Etage d'entrée proposé

La nouvelle fonction de transfert peut être écrite sous la forme :

$$I_{out} = I_1 - I_2 = I_b \frac{\sinh(x)}{\cosh(x) + A} \tag{3-22}$$

avec $x = w_1 \dfrac{\kappa V_{id}}{2U_t}$ et $A = \dfrac{m}{2}$. m est le rapport des dimensions des transistors $M_{1,2}$ et M_3.

m et w_i sont les deux paramètres qui affectent la linéarité de l'OTA. En développant l'équation (3-22) en série de Taylor, on peut écrire :

$$I_{out} = I_b \left[\left(\frac{1}{1+A} \right) x + \frac{1}{1+A} \left(\frac{1}{6} - \frac{1}{2(1+A)} \right) x^3 + \frac{1}{1+A} \left(\frac{1}{120} - \frac{3}{24(1+A)} + \frac{1}{4(1+A)^2} \right) x^5 + \cdots \right] \tag{3-23}$$

Comme on peut le voir d'après l'équation (3-23), la distorsion harmonique d'ordre 3 est annulée pour A=2 (m=4). Cette condition peut être vérifiée en prenant $\left(\dfrac{W}{L} \right)_3 = 4 \left(\dfrac{W}{L} \right)_{1,2}$ et en appliquant sur la grille de M_3 une tension égale à la moyenne de V_+ et V_-.

La transconductance est alors donnée par :

$$G_m = \frac{\partial I_{out}}{\partial V_{id}}$$
$$= I_b \left[\left(\frac{w_1}{3} \frac{\kappa}{2U_T} \right) - \frac{1}{108} \left(w_1 \frac{\kappa}{2U_T} \right)^5 V_{id}^4 + \frac{1}{648} \left(w_1 \frac{\kappa}{2U_T} \right)^7 V_{id}^6 + \cdots \right] \tag{3-24}$$

L'expression 3-23 montre que la fonction de transfert a seulement des harmoniques d'ordre supérieur ou égal à 5, ce qui augmente considérablement la linéarité de l'OTA. La linéarité est améliorée sans augmenter la tension d'offset et le bruit car le transistor additionnel M_3 ne contribue pas au courant de sortie comme on va le montrer par la suite. La plage linéaire a été estimée par simulation[4], en calculant la variation de la transconductance en fonction de la tension différentielle d'entrée pour différentes valeurs de w_1 (voir figure 3-14). Pour $w_1 = 0.1$ et pour moins de 1% de variation de la transconductance, la plage linéaire est de l'ordre de 1.2 V_{pp}.

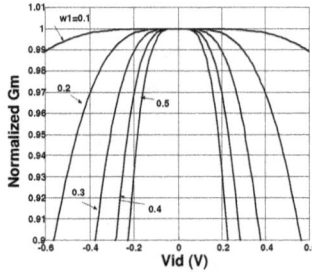

Figure 3-14. Transconductance normalisée en fonction de la tension
différentielle pour différentes valeurs de w_1.

Il est à noter que cette technique peut également être appliquée à une cellule transconductance avec des transistors MOS classiques (figure3-15). L'implémentation de cette technique de linéarisation permettra l'extension de la plage linéaire de $53 mV_{pp}$ à environ $120\ mV_{pp}$. Ceci nécessite en revanche un circuit additionnel pour calculer la moyenne de V_+ et V_-. Cette opération peut être réalisée au moyen de différentes techniques [Bah04] qui sont souvent coûteuses en terme de surface et de consommation.

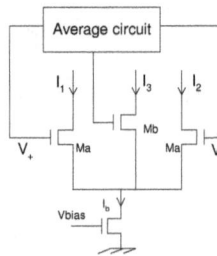

Figure 3-15. Linéarisation de la paire différentielle classique par la technique proposée

---

[4] Pour les simulations à base des transistors MIFG-MOS, voir Annexe B

3. 5. 1. 1 Tension minimale d'alimentation

La condition de fonctionnement de l'étage d'entrée proposé est donnée d'après l'équation 3-8 par :

$$w_1 V_{in} + w_2 V_{pol} > V_{bias} + 4U_T \tag{3-25}$$

Pour V_{pol} connectée à V_{DD} et d'après l'équation 3-25, la tension minimale d'alimentation est donnée par la plage recherchée du courant de polarisation, c'est à dire par la tension V_{bias} appliquée sur la grille du transistor de polarisation. La valeur maximale que peut prendre V_{bias} pour que le transistor M0 reste toujours polarisé en faible inversion est égale à V_{TH}. Pour une plage de transconductance maximale, la tension d'alimentation minimale du circuit est déduite d'après la relation 3-25 par :

$$V_{DD,min} = \frac{1}{w_2} (V_{TH} + 4U_T) \tag{3-26}$$

3. 5. 1. 2 Structure de sortie de l'OTA :

a -Augmentation de la résistance de sortie avec des transistors cascodes

La paire différentielle de l'OTA détermine la performance de la linéarité et fournit en général deux courants qui dépendent linéairement de la tension différentielle d'entrée. Ces deux courants sont délivrés aux miroirs de courant de sortie qui déterminent l'impédance, la dynamique et la plage du courant de sortie de l'OTA. Ces trois derniers paramètres spécifient les performances de sortie de l'OTA. L'inconvénient majeur du miroir de courant classique vient du fait que la conductance de sortie du transistor MOS n'est pas nulle, à cause de l'effet de modulation du canal (effet Early). Il s'ensuit que le courant de sortie du miroir dépend légèrement de la tension de sortie. Cet effet peut être fortement réduit en augmentant la résistance de sortie du miroir de courant. Ceci se fait en général en cascodant deux transistors comme montré à la figure 3-16-a. Un transistor M_2 est placé en série avec le transistor de sortie. Ce transistor absorbe l'essentiel des variations de la tension de sortie. La nouvelle conductance de sortie peut être calculée par la formule :

$$g_{out} \approx \frac{g_{ds1} g_{ds2}}{g_{m2}} \tag{3-27}$$

où g_{m2} est la transconductance du transistor M_2, g_{ds1} et g_{ds2} sont, respectivement, les conductances des transistors M_1 et M_2.

L'impédance de sortie du miroir de courant cascodé est $\sim \dfrac{gm2}{gds1}$ fois supérieure à celle d'un miroir de courant simple. La tension de drain du transistor M_1 peut être calculée en écrivant $I_{out} = I_{réf}$:

$$V_{D1} = V_{TH} + \frac{U_T}{\kappa} \ln(\frac{I}{I_0}) \tag{3-28}$$

D'après l'équation précédente, la tension de drain du transistor M_1 est toujours supérieure à $V_{DS,sat} = 4U_T$, donc le transistor M_1 est saturé, mais avec beaucoup trop de marge : la valeur minimale de V_{out} est plus grande que nécessaire ce qui réduit la marge d'excursion de la tension de sortie et augmente la tension d'alimentation. Pour garantir une tension V_{out} minimum et diminuer la tension d'alimentation , le transistor M_1 doit être dimensionné de telle manière que sa tension de drain soit égale à la tension de saturation ($\sim 4U_T$). En d'autres termes, le transistor M_1 doit être juste saturé. Il faut donc appliquer sur la grille du transistor M_2 (voir figure 3-16-b) une tension V_{mb} qui permette de garantir cette condition.

Une solution à été trouvée dans [Vit94] [Gra01] et présentée à la figure 3-16-c. La tension V_{mb} est générée par un générateur de référence de tension constitué par les transistors M_4-M_6. En utilisant l'équation du transistor en faible inversion, on obtient la tension drain-source du transistor M_1 :

$$V_{D1} = U_T \ln[\beta_3 / \beta_4 (1 + \beta_5 / 2\beta_4)] \tag{3-29}$$

La tension drain-source du transistor M_1 peut être fixée en optimisant les dimensions géométriques des transistors M_3, M_4 et M_5. Par exemple pour $\beta_5/\beta_6 = \beta_3/\beta_4 = 8$ on a $V_{DS1} = 4$ U_T. En prenant en compte la tension de saturation du transistor M_3 ($= 4U_T$), le miroir de courant fonctionne avec une tension minimum de sortie de l'ordre de $8U_T$.

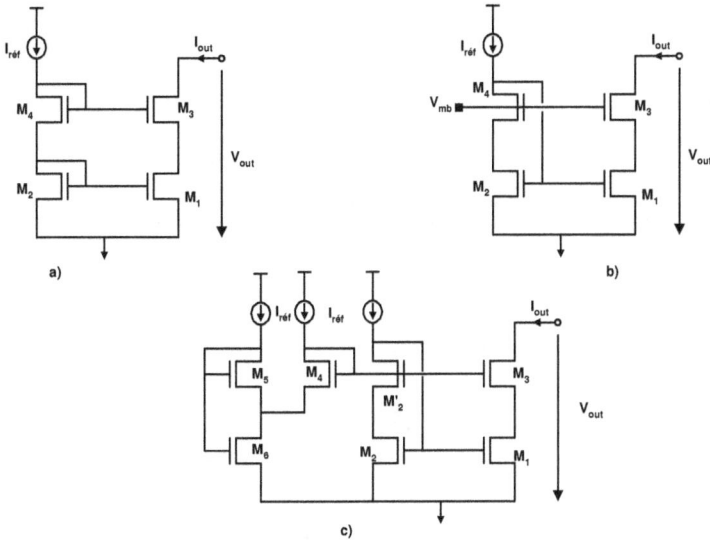

Figure 3-16 a) Augmentation de la résistance de sortie par : a) Cascade classique
b) Cascode faible tension d'alimentation c) Génération de la tension de polarisation Vmb par une référence de tension

b - Augmentation de la résistance de sortie avec des transistors composites

Le miroir de courant cascode présenté à la figure 3-16-c fonctionne avec des faibles tensions d'alimentations. Cependant, il est nécessaire d'ajouter des branches de courant supplémentaires générer la tension V_{mb}. Ces branches additionnelles peuvent être évitées en employant des transistors composites [Vit94]. Un transistor composite est constitué de deux transistors en cascode, avec la même tension de grille. On peut considérer que les deux transistors sont équivalents à un seul transistor avec un long canal, donc avec une faible conductance.

En utilisant l'équation du transistor MOS en faible inversion, la conductance équivalente du transistor composite est donnée par :

$$g_0 = g_{ds2} \cdot \frac{1 + \xi.(gds_1 /(g_{mb2} + g_{m2} + g_{ds2}))}{1 + \xi} \qquad (3-30)$$

Le facteur ξ est donné par le rapport :

$$\xi = \frac{S_2}{S_1} \exp\left(\frac{\kappa(V_{TH1} - V_{TH2})}{U_T} \right) \qquad (3\text{-}31)$$

où S_1, V_{TH1} et S_2, V_{TH2} sont les dimensions géométriques et la tension de seuil, respectives, des transistors M_1 et M_2.

Pour des transistors avec la même tension de seuil, le facteur ξ est égal à S_2/S_1. Si ce dernier rapport est très supérieur à 1, le facteur ξ est alors très supérieur à 1 et la conductance est donnée d'après l'équation 3-30 par :

$$g_0 \approx g_{ds2} \cdot \frac{g_{ds1}}{g_{m2}} \qquad \text{pour } \xi \gg 1 \qquad (3\text{-}32)$$

D'après l'équation 3-31, cette condition peut être réalisée en choisissant $W_1/L_1 \gg W_2/L_2$. Une autre alternative pour augmenter la valeur du facteur ξ est d'augmenter la tension de seuil V_{TH1} par rapport à V_{TH2}. Cette augmentation peut être réalisée en exploitant la variation de la tension de seuil entre des transistors de tailles géométriques différentes [Fuj98].

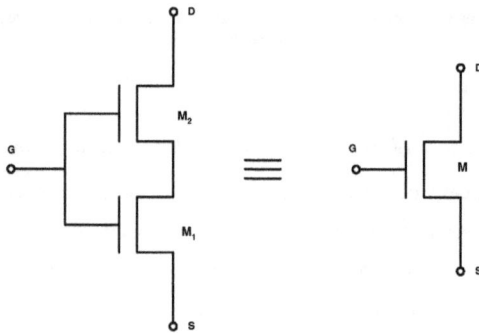

Figure 3-17 Transistor composite

c - Circuit complet de l'OTA

Le schéma complet de l'OTA proposé est présenté à la figure 3-18. La résistance de sortie est augmentée en utilisant le principe des transistors composites présenté au paragraphe précédent. Les transistors composites sont utilisés dans les deux branches de sortie pour avoir une symétrie et un bon appariement électrique.

En utilisant le schéma équivalent petits signaux on obtient la résistance de sortie :

$$R_{out} = (r_{ds9} g_{m9} r_{dscasN}) \, // (r_{ds7} g_{m7} r_{dscasP})$$ (3-33)

transistor	dimension
M_1-M_2	12μm / 16μm
M_3	48 μm / 16μm
M_0	60 μm /16μm
M_4-M_5	50 μm / 16μm
M_6-M_9	30 μm / 16μm
M_{CasP}	30 μm / 4μm
M_{CasN}	30 μm / 4μm

Tableau 3-2. Tailles des transistors de l'OTA

La résistance drain-source du MOS en faible inversion est donnée par (voir chapitre 2) :

$$g_{ds} = \frac{I_d}{V_A} = \frac{I_d}{\alpha L}$$ (3-34)

α dépend de la technologie CMOS choisie.

D'après cette dernière équation, la valeur de la résistance de sortie peut être de l'ordre du GΩ pour des transistors constitutifs en faible inversion car les courants des transistors sont très faibles. Cette propriété constitue un avantage important pour l'OTA en faible inversion par rapport aux autres modes de fonctionnement où la résistance de sortie reste relativement faible.

Les dimensions W et L des transistors de l'OTA sont présentés au tableau 3-2. La tension d'alimentation est fixée à 1.5 V. Les résultats de simulations montrent que la plage de réglage de la transconductance est de 0.2 – 90 nS (équivalent à 5 – 0.01 GΩ) pour des courants de polarisation de l'ordre du 1 – 200 nA avec une consommation qui reste inférieure à 1 μW pour toute la plage de réglage de la transconductance. La valeur simulée de la résistance de sortie R_{out} est supérieur à 30 GΩ pour toute la plage des courants de polarisation.

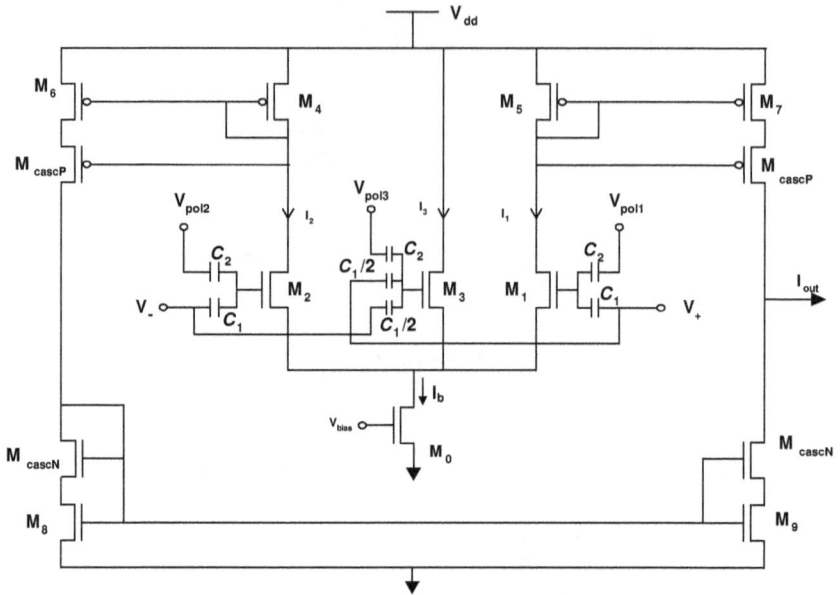

Figure 3-18. Schéma complet de l'OTA linéarisé proposé

3. 5. 2 deuxième architecture proposée : Linéarisation par dégénérescence de source via des transistors MIFG-MOS :

Comme évoqué dans le paragraphe 3.3.1, la dégénérescence de source avec des transistors connectés en diode en série, augmente la dynamique de l'OTA classique et diminue la valeur de transconductance, mais ceci est au prix de l'augmentation de la tension d'alimentation et de la réduction de la plage d'entrée en mode commun. Cette limitation peut être levée en utilisant des transistors MIFG-MOS. En effet, comme on va le montrer dans la suite, la propriété intrinsèque de translation du niveau de signal de ces transistors permet d'augmenter le nombre de transistors en série entre les deux rails d'alimentation, sans diminution de la plage d'entrée en mode commun, ou augmentation de la tension d'alimentation [Elm04b].

La tension du nœud commun de la paire différentielle du circuit proposé à la figure 3-19 est donnée par :

$$V \approx \kappa(\max(V_{FG3}, V'_{FG3}) - V_{bias}) \tag{3-35}$$

En rappelant la condition de saturation du transistor M_r ($V_{DS} \gg 4\,U_T$) on peut écrire d'après l'équation 2-8 :

$$\max(V_{FG3}, V'_{FG3}) > V_{bias} + \frac{4U_T}{\kappa} \tag{3-36}$$

Les tensions de grille des transistors MIFG-MOS sont données par :

$$V_{FG3} = \left(\frac{(\kappa w_1)^2}{1+\kappa w_1 +(\kappa w_1)^2}\right)V_+ + \left(\frac{\kappa^2 w_1 w_2}{1+\kappa w_1 +(\kappa w_1)^2}\right)(V_{POL1} - V_{POL2}) + \cdots$$
$$\left(\frac{\kappa w_2 (1+\kappa w_1)}{1+\kappa w_1 +(\kappa w_1)^2}\right)(V_{POL2} - V_{POL3}) + \left(\frac{(1+\kappa w_1)}{1+\kappa w_1 +(\kappa w_1)^2}\right)V \tag{3-37-a}$$

$$V'_{FG3} = \left(\frac{(\kappa w_1)^2}{1+\kappa w_1 +(\kappa w_1)^2}\right)V_- + \left(\frac{\kappa^2 w_1 w_2}{1+\kappa w_1 +(\kappa w_1)^2}\right)(V_{POL1} - V_{POL2}) + \cdots$$
$$\left(\frac{\kappa w_2 (1+\kappa w_1)}{1+\kappa w_1 +(\kappa w_1)^2}\right)(V_{POL2} - V_{POL3}) + \left(\frac{(1+\kappa w_1)}{1+\kappa w_1 +(\kappa w_1)^2}\right)V \tag{3-37-b}$$

D'où on peut établir la relation qui donne la contrainte de tension de mode commun sur le signal d'entrée :

$$V_{cm} \geq \frac{\kappa(1+\kappa w_1 +(\kappa w_1)^2)}{(\kappa w_1)^3}(V_{bias} - w_2 V_{POL3}) + \left(\frac{4U_T}{(\kappa w_1)^3} - \frac{w_2}{w_1}(V_{POL1} - V_{POL2}) - \cdots \right.$$
$$\left. \frac{w_2 (1+\kappa w_1)}{\kappa w_1^2}(V_{POL2} - V_{POL3})\right) \tag{3-38}$$

Cette contrainte peut être levée en choisissant convenablement les tensions $V_{pol,i}$ de telle façon à annuler où réduire le deuxième terme de l'inéquation (3-38). Par exemple, pour $w_1 = 0.2$, $w_2 = 0.8$, $V_{POL1} = V_{POL3} = V_{POL2} = V_{DD} = 2$ V, le deuxième terme de l'inéquation (3-38) est toujours négatif, et la contrainte sur la tension mode commun est levée.

La fonction de transfert du circuit de la Figure 2-19 est donnée par :

$$I_{out} = I_1 - I_2 = I_{bias} \mathrm{Tanh}\left(\frac{\alpha V_{id}}{2U_T}\right) \tag{3-39}$$

avec $\alpha = \left(\dfrac{(\kappa w_1)^3}{1+\kappa w_1 +(\kappa w_1)^2}\right)$

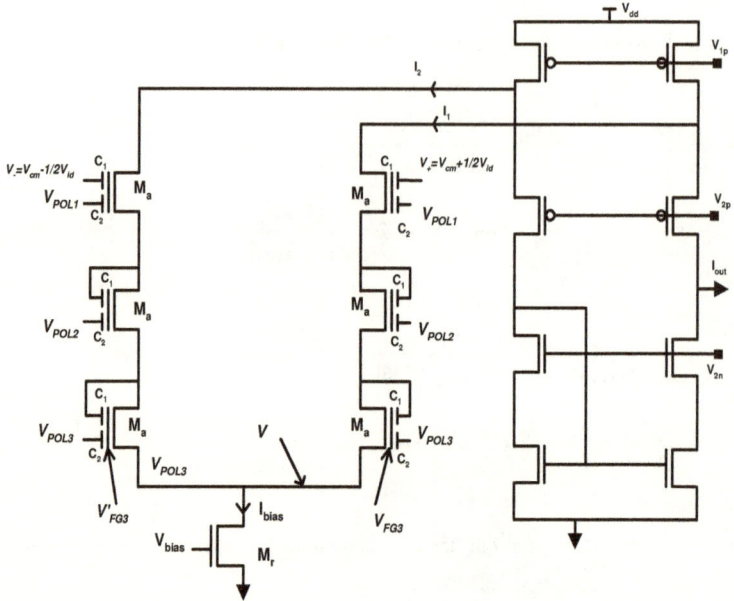

Figure 3-19. Linéarisation par dégénérescence de source via des transistors MIFG-MOS

Les caractéristiques de l'OTA (fonction de transfert et variation de la transconductance) sont présentés à la Figure 3-20. Les principaux résultats de simulations obtenus sont présentés au tableau 4. Sous une tension d'alimentation de 2 V, une entrée différentielle Rail-To-Rail est obtenue avec un maximum de déviation de la transconductance de moins de 1%. La plage de transconductance est de 6 pS -1.2 nS (équivalent à 166 – 0.55 GΩ) pour des courants de polarisation de 1-200 nA avec une consommation inférieur à 1μW.

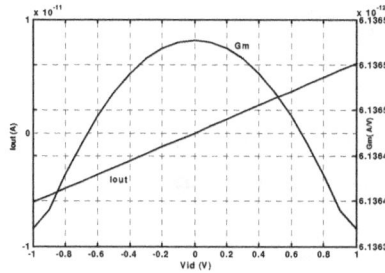

Figure 3-20. Fonctions de transfert de l'OTA

Ma	12 µm / 16 µm
M_1-M_8	40 µm / 16 µm
Tension d'alimentation	2 V
Plage linéaire différentielle @ THD<1 %	Rail-To-Rail
Transconductance (I_{bias}= 1- 100 nA)	6 pS- 1.2 nS
Plage d'entrée mode commun	Rail-To-Rail
Consommation	< 1µW
Offset	10 mV
Bruit @ I_{bias}=50 nA, 1-100 Hz	90 µVrms
Surface (estimée)	0.7 mm^2

Tableau 3-3. Caractéristiques de l'OTA proposé à la figure 3-19

3. 6 Analyse des erreurs dues aux effets secondaires :

Les analyses menées dans les paragraphes précédents sont basées sur le modèle idéal du transistor MOS sans prendre en compte les effets secondaires et les imperfections de la technologie. Les formules qu'on a obtenues ne sont par conséquent que des approximations du premier ordre. Nous consacrons les paragraphes suivants à l'étude de ces effets secondaires sur les performances de l'OTA, en particulier sur celui présenté au paragraphe 3.5.1. L'étude de l'OTA présenté au paragraphe 3.5.2 pourrait être faite en menant les mêmes raisonnements.

3. 6. 1 Effet des capacités parasites et de l'erreur des rapports des capacités :

Les capacités parasites et les erreurs des rapports des capacités sont deux sources d'erreur présentes dans les transistors MIFG-MOS(voir chapitre 2). Leurs effets sur la fonction de transfert du transistor sont qualitativement les mêmes [Rod04], les deux sources d'erreur peuvent être combinées et décrites par une seule erreur introduite sur le rapport w_i :

$$K_i = w_i + \Delta K_{ii} \qquad (3\text{-}40)$$

ΔK_{ii} est l'erreur introduite par l'erreur des rapports des capacités et par les capacités parasites. En utilisant l'équation 3-40, la nouvelle fonction de transfert peut être écrite par :

$$
\begin{aligned}
I_{out} \approx \frac{I_b}{3+\Delta A} \Bigg\{ & \frac{\kappa}{2U_T}(\Delta\alpha_2 V_{cm}+\Delta\alpha_3\ V_{dd})+\frac{\Delta A}{6(3+\Delta A)}(\frac{\kappa}{2U_T})^3 (\Delta\alpha_2 V_{cm}+\Delta\alpha_3 V_{dd})^3 +... \\
& (\frac{k}{2U_T}(w_1+\Delta\alpha_1)+(\frac{k}{2U_T})^3\frac{\Delta A}{3(3+\Delta A)}(w_1+\Delta\alpha_1)(\Delta\alpha_2 V_{cm}+\Delta\alpha_3 V_{dd})^2)V_{id} +... \\
& (\frac{k}{2U_T})^3\frac{\Delta A}{3(3+\Delta A)}(w_1+\Delta\alpha_1)^2 (\Delta\alpha_2 V_{cm}+\Delta\alpha_3 V_{dd}))V_{id}^2 +... \\
& (\frac{k}{2U_T})^3\frac{\Delta A}{6(3+\Delta A)}(w_1+\Delta\alpha_1)^3 V_{id}^3 +... \Bigg\}
\end{aligned}
\qquad (3\text{-}41\text{-}a)
$$

avec $\Delta\alpha_i$, $\Delta\beta_i$ représentant les coefficients d'erreur, leurs formules sont données dans le tableau 2-3. L'équation (2-41) montre que ces erreurs peuvent introduire une tension d'offset, de la distorsion harmonique d'ordre paire et la non-annulation de la distorsion cubique.

En faible inversion, les capacités parasites les plus importantes du transistor MOS sont la capacité grille-bulk (C_{GB}) et la capacité grille-source (C_{GS}) (voir chapitre 2). Or la tension de la grille du transistor MIFG-MOS est donnée par :

$$
V_{FG} = \frac{\sum\limits_{i=1}^{n} C_i V_i + C_{GS} V_S + C_{GD} V_D + C_{GB} V_B}{C_T}
\qquad (3\text{-}41\text{-}b)
$$

D'après l'équation 3-41-b, si la tension du substrat est nulle, ce qui est le cas pour l'alimentation utilisée, l'effet de la capacité C_{GB} est négligeable. Les capacités C_{GS} des transistors $M_{1,2}$ et M_3 ont été extraites par simulation. Pour les tailles géométriques utilisées ils sont, respectivement, de l'ordre de 14.1 fF et de 19.2 fF. L'effet de la capacité C_{GS} peut être alors négligé car $C_T \gg C_{GS}$.

L'effet des erreurs sur les rapports des capacités w_1 et w_2 peut être fortement diminué en utilisant la techniques de dessin des masques présentées au chapitre 2, paragraphe 2. 7. 2.

Paramètre	Formule

ΔK_i	$w_i(1 + \Delta w_i + \dfrac{C_{f\beta i}}{C_i} + \dfrac{C_{f\alpha i}}{C_i} + \dfrac{C_{f\beta i}}{C_i})$
$\Delta \alpha_1$	$w_1 \Delta(K_{13} + K_{11})$
$\Delta \alpha_2$	$w_1 \Delta(K_{11} - K_{13})$
$\Delta \alpha_3$	$w_2 \Delta(K_{21} - K_{22})$
$\Delta \beta_1$	$w_1 \Delta(K_{15} - \dfrac{1}{2} K_{12})$
$\Delta \beta_2$	$w_1 \Delta(K_{16} - \dfrac{1}{2} K_{13})$
$\Delta \beta_3$	$w_2 \Delta(K_{23} - \dfrac{K_{21} + K_{22}}{2})$

Tableau 3-4. Expressions des coefficients d'erreur dues aux capacités parasites

3. 6. 2. Effet des charges piégées dans l'oxyde de grille :

Si on suppose que les trois charges initiales des trois transistors MIFG-MOS M_1, M_2 et M_3 sont différentes, on a la nouvelle fonction de transfert de l'OTA :

$$I_{out} = I_b \frac{sh\left(x - \dfrac{\kappa}{2U_T C_T}(Q_1 - Q_2)\right)}{ch\left(x - \dfrac{\kappa}{2U_T C_T}(Q_1 - Q_2)\right) + 2.\exp\left(\dfrac{\kappa}{2U_T C_T}(Q_3 - \dfrac{Q_1 + Q_2}{2})\right)} \qquad (3\text{-}42)$$

avec Q_i est la charge initiale du transistor M_i.

D'après l'équation précédente, la différence de charge initiale entre les transistors M_1 et M_2 introduit un courant d'offset qui est donné par l'équation :

$$\Delta I_{out} = \frac{1}{6} \frac{\kappa}{U_T C_T}(Q_1 - Q_2)I_b \qquad (3\text{-}43)$$

D'après (3-43), la contribution des charges piégées dans l'oxyde du transistor M_3 dans l'offset du circuit serait nulle. Cependant, une différence de charges initiales entre les grilles des transistors M_1, M_2 et M_3 introduit une variation de la valeur nominale de la transconductance, et peut entraîner la non-annulation de la distorsion harmonique d'ordre 3, donc une réduction de la plage linéaire.

La technique adoptée pour minimiser l'effet des charges piégées est la méthode de l'évacuation des charges à travers des contacts poly1/métal 2 additionnels à la grille du transistor MIFG-MOS (voir chapitre 2, paragraphe 2. 7). En plus de cette méthode nous avons laissé la possibilité d'ajuster les tensions de polarisations $V_{pol,i}$ (voir figure 3-18) pour corriger l'effet des charges initiales.

3. 6. 3. Effet d'appariement des transistors

La variation typique du paramètre kappa (κ) entre deux transistors MOS adjacents de dimensions géométriques non minimales est de l'ordre de 0.3 % [Min97]. Le paramètre κ peut être alors considéré constant pour deux transistors adjacents du même circuit et l'erreur d'appariement peut être principalement attribuée à la déviation de la tension de seuil et du facteur de transconductance. Ces variations des paramètres électriques introduisent une tension d'offset qui peut être calculée en calculant l'offset des miroirs de courant et de la paire différentielle présents dans le circuit.

D'après l'équation 2-36, la déviation du courant du miroir de courant est donnée par :

$$\frac{\sigma_{I_{DS}}}{I_{DS}} = \sqrt{\left(\frac{\sigma_\beta}{\beta}\right)^2 + \left(\frac{g_m}{I_{DS}}\right)^2 \left(\sigma_{V_{TH}}\right)^2} \qquad (3\text{-}44)$$

avec $\sigma_{V_{Th}}^2 = \frac{A_{VTh}^2}{WL}$, $\sigma_\beta^2 = \frac{A_\beta^2}{WL}$, A_{VTH} et A_β sont des constantes propres à la technologie utilisée.

La tension d'offset introduite par le miroir de courant peut être déduite de l'équation 2-37, en divisant par la transconductance de l'OTA.

La déviation de la tension de grille de la paire différentielle est donnée par :

$$\sigma_{\Delta V_G} = \sqrt{\left(\sigma_{V_{TH}}\right)^2 + \left(\frac{I_{DS}}{g_m}\right)^2 \left(\frac{\sigma_\beta}{\beta}\right)^2} \qquad (3\text{-}45)$$

En utilisant les deux dernières équations, la tension d'offset peut être décrite par :

$$V_{off} = \left[\left(\sigma_{V_{TH}} \right)^2_{M1,2} \left(1 + \left(2\frac{\kappa_p}{\kappa_n} \right)^2 \left(\frac{(WL)^2_{M1,2}}{(WL)^2_{M8,9}} + \frac{A^2_{VTHP}}{A^2_{VTHN}} \left(\frac{(WL)^2_{M1,2}}{(WL)^2_{M4,5}} + \frac{(WL)^2_{M1,2}}{(WL)^2_{M6,7}} \right) \right) \right) + \cdots \right.$$

$$\left. \cdots + \left(\frac{I_{DS}}{g_m} \right)^2 \left(\frac{\sigma_\beta}{\beta} \right)^2 \left(1 + \frac{(WL)^2_{M1,2}}{(WL)^2_{M8,9}} + \frac{(WL)^2_{M1,2}}{(WL)^2_{M4,5}} + \frac{(WL)^2_{M1,2}}{(WL)^2_{M6,7}} \right) \right]^{1/2} \tag{3-46}$$

D'après cette dernière équation, la tension d'offset est principalement due à la déviation du courant des miroirs de courant. Sa valeur peut être diminuée en augmentant les tailles des transistors des miroirs de courant par rapport aux transistors de la paire différentielle.

Pour la technologie utilisée (AMS-0.8 µm, CYX), on a pour un transistor NMOS, A_{VTH}= 17 mV. µm (15 mV. µm pour un PMOS) et A_β = 2.4 %. µm (2.3 % pour un PMOS). En utilisant l'équation 3-46, on trouve une tension d'offset de l'ordre de 6.4 mV. Les résultats de simulation Monte Carlo (de type process & mismatch avec 500 run) du courant d'offset pour un courant de polarisation de 1 nA sont donnés à la figure 3-21. Le courant d'offset à une valeur comprise entre – 6pA et 5.8 pA avec une déviation standard $\sigma_{Ioffset}$=1.5 pA. La tension d'offset V_{off} équivalente peut être déduite en divisant la valeur du courant d'offset par la transconductance Gm de l'OTA. Pour un intervalle de confiance de 3σ, on trouve une valeur de V_{off} de 10 mV.

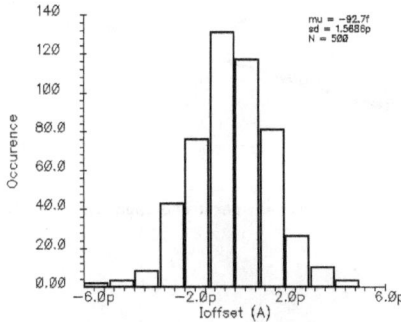

Figure 3-21 Courant d'offset de l'OTA

L'erreur d'appariement entre les transistors M_1, M_2 et le transistor M_3 entraîne la non annulation de la distorsion cubique. La figure 3-21 présente la variation du courant de sortie de l'OTA et de la transconductance pour différentes valeurs d'erreurs sur la valeur du rapport m (le rapport entre les tailles géométriques des transistors M_3 et M_1, M_2, voir équation 3-22).

On peut y voir que l'erreur sur la valeur du rapport m introduit une variation de la valeur nominale de la transconductance. Pour une erreur sur m de 40 % , la variation de Gm serait de 11 % pour une tension d'entrée entre 0 et 1.5 V. Néanmoins, on peut remarquer que pour une erreur inférieur à 10 %, l'effet d'appariement des transistors n'introduit pas une dégradation significative de la plage linéaire.

Afin de diminuer l'effet d'appariement sur les performances de l'OTA, les transistors doivent avoir un bon appariement. Ceci peut être réalisé en utilisant des techniques optimales de dessin des masques. Le layout des transistors M_1, M_2 et M_3 a été réalisé en utilisant des transistors unitaires et la technique "common centroid". Les transistors des miroirs de courant ont été dessinés en utilisant des transistors unitaires inter-digités.

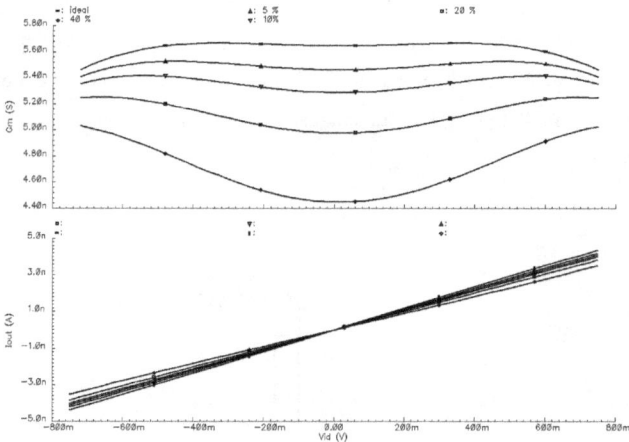

Figure 3-22 L'erreur introduite par le non-appariement des transistors

3. 6. 4. Bande passante :

La bande passante de l'OTA dépend essentiellement des nœuds internes de l'OTA. En tenant en compte les différentes capacités présentes dans le circuit équivalent, on peut représenter l'OTA par le diagramme de la figure 3-23, où les capacités C_{pu} et C_{pd} sont données par :

$$C_{pu} \cong C_{gs5} + C_{gb5} + C_{bd1} + C_{gd1} + C_{gb7} + C_{gs7} \qquad (3\text{-}47\text{-}a)$$

$$C_{pd} \cong C_{gs8} + C_{gs9} + C_{gb9} + C_{gb8} + C_{gb9} \qquad (3\text{-}47\text{-}b)$$

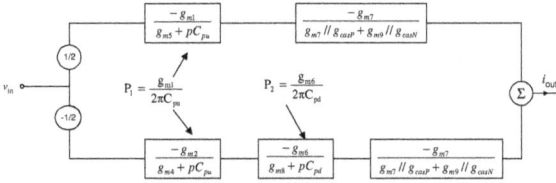

Figure 3-23 Les pôles parasites internes de l'OTA

Puisque la transconductance dépend seulement du courant de polarisation, les pôles parasites sont alors donnés par :

$$P_1 = \frac{g_{m1}}{2\pi C_{pu}} \tag{3-48-a}$$

$$P_2 = \frac{g_{m6}}{2\pi C_{pd}} \tag{3-48-b}$$

où g_m est donnée d'après l'équation 1-11 par :

$$g_{m,i} = \frac{\kappa I_{ds,i}}{U_T} \tag{3-49}$$

La figure 3-24 présente la transconductance de l'OTA en fonction de la fréquence pour différents courants de polarisation. La bande passante reste supérieure à 1 KHz même pour des très faibles courants de polarisation.

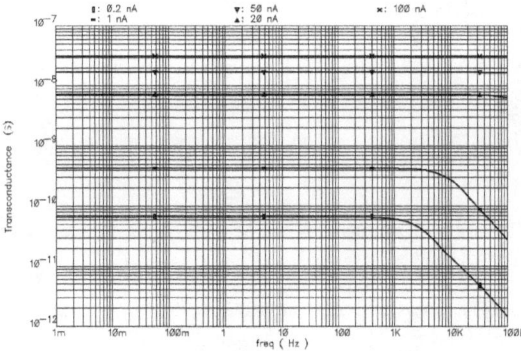

Figure 3-24. Bande passante de l'OTA

3. 6. 5 Calcul du Bruit

En utilisant le modèle de bruit en $1/f$ du transistor MOS présent dans le premier chapitre, la densité spectrale du bruit de sortie en $1/f$ peut être calculée par :

$$\overline{di^2_{1/f}} \approx \frac{2K_{F(1,2)} G^2_m}{C_{OX} f W_{(1,2)} L_{(1,2)}} (1 + \frac{K_{F(4,6)}}{K_{F(1,2)}} \frac{W_{(1,2)} L_{(1,2)}}{W_{(4,6)} L_{(4,6)}} + \frac{K_{F(8,9)}}{2.K_{F(1,2)}} \frac{W_{(1,2)} L_{(1,2)}}{W_{(8,9)} L_{(8,9)}}) df \tag{3-50}$$

avec K_F est le coefficient de Flicker, C_{ox} est la capacité de grille, f est la fréquence en Hertz et G_m est la transconductance de l'OTA. Les indices (i,j) désignent les transistors.

D'après l'équation précédente, le bruit en $1/f$ peut être minimisé en augmentant les dimensions des transistors des miroirs de courant par rapport aux transistors d'entrée ($W_{(4-9)}L_{(4-9)} \gg W_{(1-3)}L_{(1-3)}$).

En régime de faible inversion et à des faibles courants de polarisation et faibles fréquences, le bruit du transistor MOS est essentiellement un bruit de grenaille (voir chapitre 2). En utilisant le modèle de ce bruit donné par l'équation (1-25) la densité spectrale du bruit en sortie de l'OTA est donnée par :

$$\overline{di^2_{th}} = 2qN(I_b/3)df \tag{3-51}$$

avec N le nombre effectif des sources de bruit de grenaille présentes dans le circuit.

Le nombre N se calcule par la relation :

$$N = \sum_i \alpha^2_i \tag{3-52}$$

où α_i représente la contribution du transistor M_i dans le bruit total de sortie et qui se calcule par le rapport entre le courant de sortie de l'OTA et le bruit introduit par ce transistor [Sar98]. Les transistors M_0 et M_3 n'ont pas de contribution dans le courant de sortie donc $\alpha_{M_3} = \alpha_{M_0} = 0$. La contribution des transistor McasN et McasP peuvent être négligées [Yan00], et les contributions des transistors M_1, M_2, M_4 - M_9 sont calculées à partir du schéma équivalent petits signaux. Un exemple pour le calcul de la contribution du transistor M_5 est donnée à la figure 3-24. D'après ce dernier on peut trouver :

$$\alpha_5 \approx \frac{g_{m7}}{g_{m5}} \cdot \frac{1}{1 + g_{ds7}/g_{ds,\,casP}}$$

$$\approx \frac{1}{1 + L_{casP}/L_{ds7}} = 0.8 \tag{3-53}$$

De la même manière on trouve en première approximation que les coefficient α_i des transistors des miroirs du courant ont une contribution de 0.8, les transistors des transistors M_1, M_2 est de 0.5.

D'après l'équation 3-52 le nombre effectif des sources de bruit blanc présentes dans le circuit est égal à 4.34.

Les résultats de simulation de bruit confirme cet analyse théorique. Pour un courant de polarisation $I_b = 1$ nA la valeur RMS du bruit de grenaille de sortie de l'OTA sur une bande de fréquence allant de 99 à 100 Hz (où le bruit de grenaille est prépondérant) est égal à $23 \; fA/\sqrt{Hz}$. En utilisant l'équation 3-51 on peut déduire que N = 5.3.

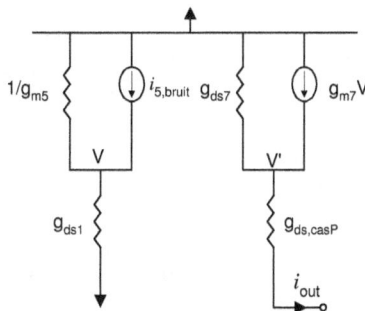

Figure 3-25 Schéma équivalent pour le calcul de la contribution du transistor M_5 dans le bruit total

Le bruit total ramené à l'entrée peut être calculé par la relation :

$$d\,\overline{v_n^2} = \frac{1}{G_m^2} d\,\overline{i_{total}^2} \tag{3-54}$$

3. 6. 6 Rapport signal sur bruit

Le rapport signal sur bruit d'un circuit analogique est défini par le rapport du maximum de la plage linéaire V_L pour laquelle on a $THD_3 < 1\%$ et par le niveau du bruit :

$$SNR = 20\log(\frac{V_{L,rms}}{V_{bruit,rms}})$$ (3-55)

D'après l'équation 3-4, la transconductance de l'OTA classique est donnée par

$$Gm = \frac{\kappa}{2U_T}I_b$$ (3-56)

L'utilisation des transistors MIFG-MOS comme transistors d'entrée, augmentent la linéarité et le bruit ramené à l'entrée par le même facteur w_1. En introduisant le transistor M_3 pour l'augmentation de la plage linéaire, le bruit ramené à l'entrée va encore augmenter d'un facteur $\sqrt{3}$ (car Gm est divisée par 3, voir équation 3-24) et la plage linéaire augmente d'un facteur 2.4. Par conséquent la dynamique de l'OTA est pratiquement constante. Le tableau 3-5, présente les résultats des simulations pour un OTA avec des transistors MOS classiques et avec des transistors MIFG-MOS, avec et sans le transistor M_3. Les résultats obtenus sont en parfaite adéquation avec les calculs.

	MIFG-MOS OTA+ annulation de HD3 (w_1=0.1)	MIFG-MOS OTA (w_1=0.1)	OTA conventionnel	OTA conventionnel + annulation de HD3
Plage linéaire (1% THD)	1.2 Vpp	0.5 Vpp	53 mVpp	120 mVpp
Bruit ramené à l'entrée (1Hz-100 Hz, Ib = 32 nA)	90 μVrms	53 μVrms	5.5 μVrms	9.3 μVrms
SNR (dB)	73	70	70	73

Tableau 3-5. Comparaison en terme de dynamique entre la technique proposée et l'OTA conventionnel

3. 7. Effet de la température

La valeur de la transconductance de l'OTA à base de transistors MIFG-MOS est donnée d'après l'équation 3-24 par :

$$Gm \propto \frac{\kappa}{U_T}I_B$$ (3-57)

D'après cette dernière équation, la transconductance est directement liée au courant de polarisation et au voltage thermique. Si on suppose que la puissance dissipée du circuit est très faible et que l'effet d'échauffement local est négligeable, la variation de la température est alors uniforme et les courants drain-source des transistors de l'OTA dérivent de façon symétrique. La variation de Gm en fonction de la température est donc principalement due aux variations de U_T et du courant I_b du transistor de polarisation (M_0) en fonction de la température. La figure 3-26 présente les résultats de simulation Monte-Carlo de la variation de Gm en fonction de la température. Elle montre la forte dépendance de la transconductance vis à vis de la température.

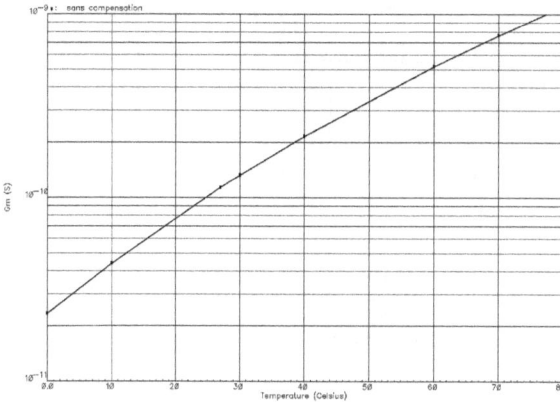

Figure 3-26 Variations de la transconductance en fonction de la température

3. 7. 1 Compensation de l'effet de la température

Pour compenser l'effet de la température, une solution consiste à générer un courant de polarisation proportionnel aux variations de la température absolue (PTAT). Si on parvient à obtenir $I_b = \alpha.U_T$, d'après l'équation 3-57, la valeur de transconductance sera alors indépendante de la température.

3. 7. 1. 1 circuit proposé dans [Vit77]

Un circuit simple en faible inversion a été proposé par Vittoz [Vit79] (voir figure 3-27). Les deux transistors MN_1 et MN_2 sont polarisés en faible inversion. D'après l'équation (2- 4), on peut décrire le courant I_{ref} par :

$$I_{ref} = \frac{U_T}{R} \ln(\frac{S_{N1}S_{P2}}{S_{N2}S_{P1}}) \tag{3-58}$$

où S_{N1}, S_{N2}, S_{P1} et S_{P2} sont, respectivement, les dimensions géométriques des transistors N_1, N_2 et P_1, P_2.

Les valeurs minimales des courants générés par cette structure sont limitées par la résistance R en Poly-Si, qui doit être assez grande pour générer des faibles niveaux de courant de polarisation.

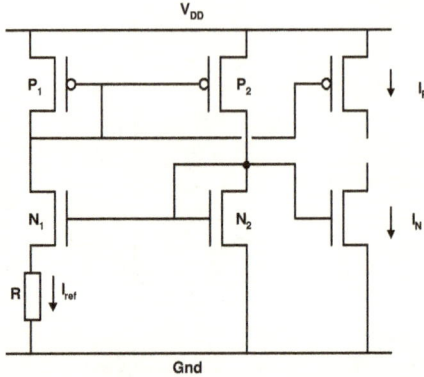

Figure 3-27. PTAT proposé dans [Vit77]

3. 7. 1. 2 circuit proposé dans [Ogu95]

Une solution pour remplacer la résistance et générer de très faibles courants de polarisation est présentée dans [San88], le courant généré est proportionnel à βU_T^2 avec une tension d'alimentation de 3.5 V. Le circuit proposé dans [Ogu95], et présenté à la figure 3-28, permet de générer de faibles courants (entre 1 et 100 nA) avec une tension d'alimentation de 1.2 V. La résistance R est remplacée par deux transistors N_3 et N_4 polarisés, respectivement, en saturation et en région ohmique de la forte inversion. Le courant délivré est alors donné par (voir annexe C pour les calculs détaillés) :

$$I_1 = \beta_{n4} \, U_T^2 \, K_{eff} \tag{3-59}$$

Avec $\qquad K_{eff} = [K_2 - 0.5 + \sqrt{K_2 \, (K_2 - 1)} \,] \ln^2 (K_1)$ $\qquad$ (3-60)

$\beta_{n4} = \dfrac{1}{2} \mu C_{OX} \left(\dfrac{W}{L} \right)$ est le facteur gain du transistor N_4.

$$K_1 = \frac{S_{N1} S_{P2}}{S_{N2} S_{P1}} \qquad \text{et} \qquad K_2 = \frac{S_{N4} S_{P3}}{S_{N3} S_{P1}} \tag{3-61}$$

Et puisque la mobilité μ est proportionnelle à T^{-2}, elle est compensée par U^2_T, d'où le courant I_1 est indépendant de la température. D'après les équations 3- 57 et 3-59, cette solution n'est pas adaptée pour compenser la dépendance de la transconductance vis-à-vis de la température car le courant de polarisation I_b doit être proportionnel à U_T.

On note également d'après l'équation 3-57, que la transconductance est aussi fonction du paramètre technologique kappa qui varie d'un run à l'autre ce qui introduit des variations de la valeur nominale de la transconductance. Un circuit de polarisation permettant de générer des très faibles courants de polarisation qui permet de compenser à la fois l'effet de la température et les fluctuations des paramètres technologiques sera présenté au paragraphe suivant.

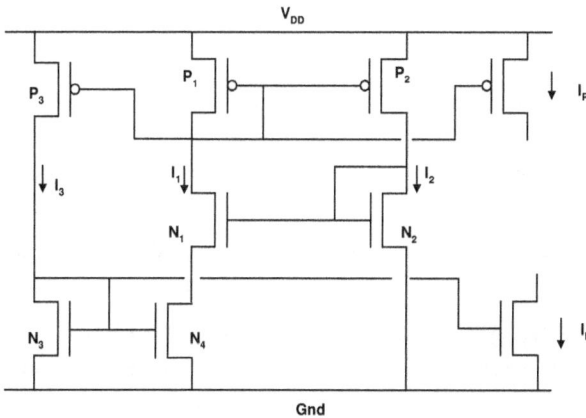

Figure 3-28. Référence de courant présentée dans [Ogu95]

3. 7. 1. 3 Circuit de polarisation proposé

Nous proposons ici un circuit de polarisation qui combine deux références de courants pour compenser en continu à la fois la dépendance de la transconductance par rapport à la température et aux fluctuations des paramètres technologiques (voir figure 3-29). Il est composé de deux sources de courants et d'un diviseur de courant formé par des transistors MIFG-MOS. Les deux sources de courant sont comparables à celles respectivement montrées dans les figures 3-27 et 3-28. Le courant de polarisation I_b fournit est alors donné par :

$$I_b = \frac{I_{ref1} I_{ref2}}{I_{ref3}} \qquad (3\text{-}62)$$

Avec
$$\begin{cases} I_{ref1} = \frac{U_T}{R} \ln(\frac{S_{N5} S_{P5}}{S_{N6} S_{P4}}) \\[2mm] I_{ref3} = \beta_{n4} U_T^2 K_{eff} \\[2mm] I_{ref2} = m I_s \end{cases} \qquad (3\text{-}63)$$

où K_{eff} est donné par l'équation 3-60, m est le coefficient d'inversion du transistor NM_2, $I_S = \frac{2 \mu C_{ox} U_T^2}{\kappa} \frac{W}{L}$ est le courant spécifique donné par l'équation 2-5.

La transconductance est alors, d'après les équations 3-57 et 3-63, donnée par :

$$G_m = \frac{1}{30} \frac{\ln(S_{N5} . S_{P5} / S_{N6} . S_{P4})}{R} \frac{m.S_{NM2}}{K_{eff} S_{NM3}} \qquad (3\text{-}64)$$

avec S_{TP2} et S_{TP3} sont, respectivement les rapports des coefficients géométriques des transistors TP_2 et TP_3.

D'après l'expression 3-64, la valeur de la transconductance est donnée par les coefficients géométriques des transistors, du coefficient K_{eff}, la résistance R et du coefficient d'inversion du transistor TP_2. Elle est donc indépendante de la température et des paramètres technologiques. Les dimensions des transistors ont été optimisées pour permettre de très faibles valeurs de transconductances (voir tableau 3-6). Les transistors des miroirs de courant sont polarisés en forte inversion pour permettre une meilleur précision.

La figure 3-30-a présente les variations de la transconductance en fonction de la température. Elle montre l'amélioration sensible de l'indépendance de Gm par rapport à la température dans le cas où le circuit de polarisation proposé est utilisé comme circuit de polarisation. Par exemple, pour une variation entre 10 °C et 60 °C, la variation de Gm est de l'ordre de 9 % avec le circuit de polarisation contre 80 % sans le circuit de polarisation. Les simulations Monte-Carlo de la variation de Gm en présence de différentes types d'erreurs (type mismatch & process) sont présentées à la figure 3-30-b. La variation de Gm est de l'ordre de 10 %.

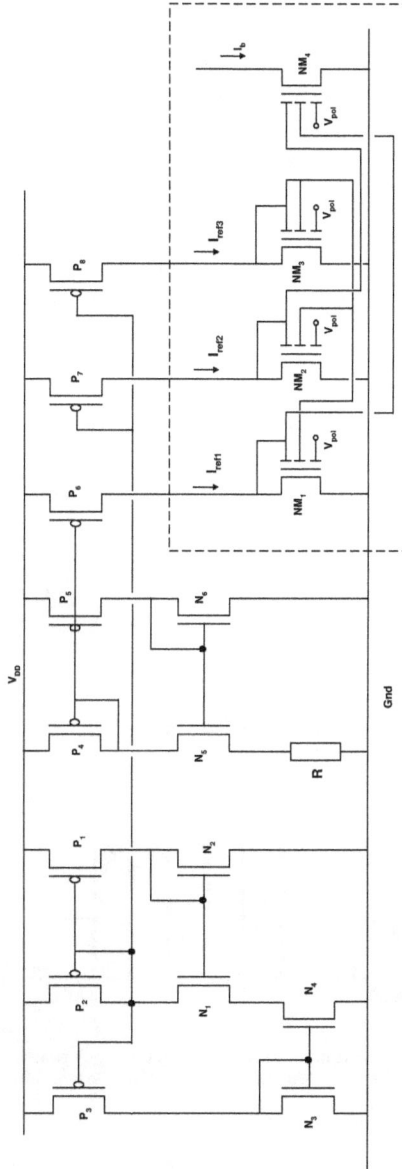

Figure 3-29 circuit de polarisation proposé pour compenser l'effet de la température et les fluctuations des paramètres géométriques et technologiques

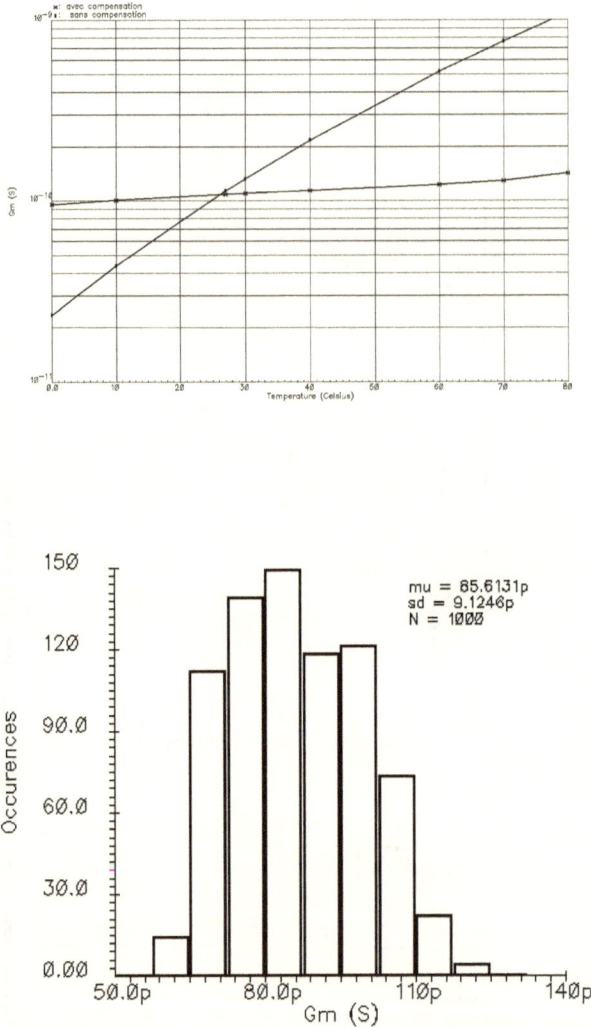

Figure 3-30. Variation de la transconductance avec le circuit de polarisation proposé a) variation en fonction de la température b) simulations Monte-Carlo de type mismatch & process

transistor	P_3	P_1,P_2	P_5	P_6	P_7	N_3-N_4	N_1, N_2	N_4,N_6	MN_1-MN_4	N_2
W(µm)/L(µm)	18/15	6/50	6/45	4/100	60/10	6/207	100/6	50/6	350/10	50/6

Tableau 3-6. Dimensions des transistors du circuit de compensation

3. 8 La valeur minimale de la transconductance :

La valeur minimale de la transconductance d'un OTA en faible inversion est directement liée au courant de polarisation (équation 3-4). Théoriquement, de très faibles valeurs de transconductance peuvent être obtenues avec des très faibles courants de polarisation. La seule limitation sont les courants de fuite qui dépendent essentiellement des paramètres géométriques de la zone de diffusion du transistor (donc indépendants de L et W), de la technologie utilisée et de la température. En technologie substrat, ces courants apparaissent essentiellement au niveau des jonctions drain(source)-substrat, drain(source)-caisson et caisson-substrat qui sont polarisées en inverse. Ils peuvent être minimisés, voire supprimés avec une technologie SOI (Silicon On Insulator) [Lee99]. Pour la technologie utilisée, les courants de fuites ont été estimés[5] à I_{fuite} = 3 fA (à la température ambiante) pour une diffusion n+ de 12 µm x 3µm. Cependant la valeur effective des courants de fuite est souvent supérieure aux courants de fuite des jonctions à cause des techniques d'implantations ioniques qui visent la réduction de la tension de seuil dans les technologies CMOS modernes [Lin03]. Ces courants de fuite on été estimés par des simulations meilleurs / pires cas pour les tailles des transistors utilisés. Les valeurs effectives des courants de fuite sont de 10 pA pour les transistors NMOS et 2 pA pour un transistor PMOS. A cela, il faut ajouter les courants de fuite des diodes de protection des pads, soit une dizaine de pA.

Pour un fonctionnement correct du circuit, les courants drain-source des transistors doivent être très supérieurs à ces courants de fuite (d'au moins une décade). Ceci impose une valeur limite (minimale) au courant de polarisation.

---

[5] le courant de fuite est donnée par $I_{fuite} = J_S (W_{dif} L_{dif}) + J_{SSW} (2 W_{dif} + 2 L_{dif})$

avec W_{dif} et L_{dif} sont la largeur et la longueur des zones de diffusion des transistors MOS

3. 9 Tests et Résultats

3. 9. 1 Résultats de tests de l'OTA

Un circuit de test de l'OTA de la figure 3-18 a été fabriqué en technologie AMS 0.8-CYX. Une photo du circuit est représentée à la figure 3-31. Le circuit occupe une surface de 0.05 mm^2. Le montage de la figure 3-32 a été utilisé pour tracer la fonction de transfert de l'OTA. Afin d'éviter toute perturbation venant de l'extérieur, le montage est placé dans un boîtier blindé. Le circuit a été testé et fonctionne correctement sous des tension d'alimentation allant de 1.2 V à 3.3 V. La fonction de transfert statique, pour une tension d'alimentation de 1,5 V, est présentée à la figure 3-33. La plage linéaire est mesurée en traçant la transconductance normalisée en fonction de la tension différentielle comme montré à la figure 3-34. Pour une variation de la transconductance de 1 %, la plage linéaire est de 1.1 Vpp.

La plage d'entrée mode commun est mesurée en fixant la tension différentielle et en faisant varier la tension du mode commun et les courants de polarisations. Les résultats obtenues sont montrés à la figure 3-35, la plage d'entrée mode commun est bien Rail-to-Rail ce qui concorde bien avec l'analyse théorique. Sous une tension d'alimentation de 1.5 V, la consommation totale du circuit est inférieur à 1µW, pour un courants de polarisations inférieurs à 200nA. Les principaux résultats de mesures sont présentés au tableau 3-7.

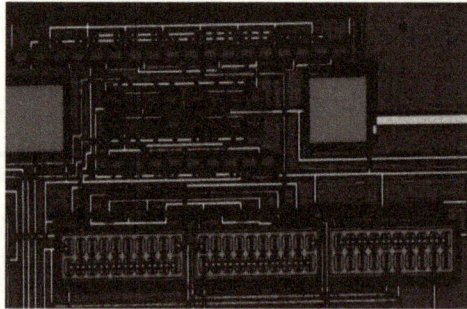

Figure 3-31. Microphotographie de l'amplificateur transconductance

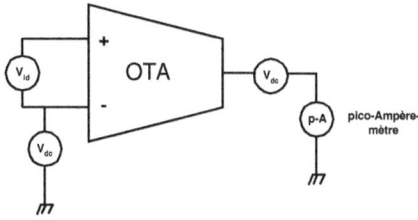

Figure 3-32. Montage de mesure de la fonction de transfert

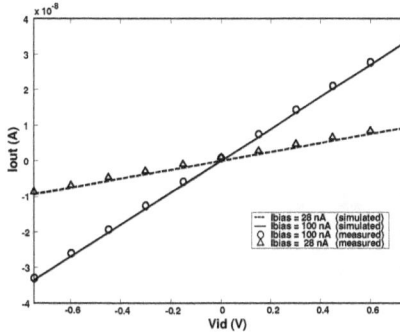

Figure 3-33. Fonction de transfert statique de l'OTA

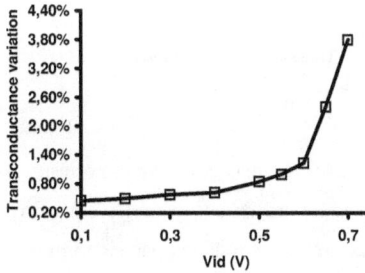

Figure 3-34. Variation de la transconductance en fonction de la tension différentielle

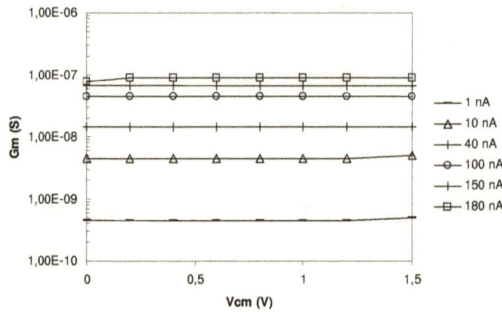

Figure 3-35 Plage d'entrée mode commun

	Simulations	Mesures
Tension d'alimentation	1.2 – 1.5 V	1.2 – 1.5 V
Plage linéaire (1% Gm variation)	1.2 V_{pp}	1.1 V_{pp}
Plage d'entrée mode commun	Rail-to-Rail	Rail-to-Rail
SNR	73dB	70 dB
Offset	10 mV - 5 mV	60 – 80 mV*
Consommation (1 – 200 nA)	< 1 µW	< 1 µW
Bruit ramené à l'entrée(Ib=32nA, 1Hz-100Hz)	90 µV$_{rms}$	110 µV$_{rms}$
Surface	-	0.05 mm^2

Tableau 3-7. Caractéristiques de l'OTA

Nous pouvons remarquer que les résultats des mesures correspondent bien à ceux simulés. La tension d'offset est relativement importante pour les cinq circuits de test. Cela peut être principalement attribué aux erreurs introduites par les miroirs de courants. La figure 3-36 montre que cette tension d'offset peut être annulée en introduisant une différence de potentiel de quelques dizaines de mV entre V_{pol1} et V_{pol2}.

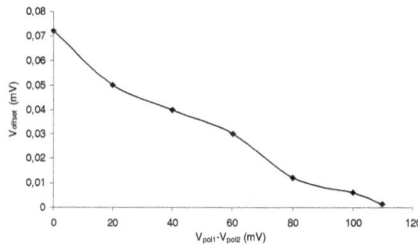

Figure 3-36. Annulation de la tension d'offset par ajustement de V_{pol1}-V_{pol2}

Enfin, le bruit a été caractérisé. Pour effectuer cette mesure, nous avons utilisé un amplificateur de type " look-in" de type 7220 de EG&G Instruments. Il permet de faire des mesures d'amplitude (RMS) en mode courant dans une bande de fréquence de 1 Hz à 500 Hz centrée sur une fréquence d'accord ajustable. Le circuit à tester a été placé dans une cage de faraday pour éviter toute perturbation provenant de l'extérieur. Les résultats de mesure sont présentés sur la figure 3-37. A des très faibles courants de polarisations, même à des très basses fréquences, le bruit dominant est le bruit blanc (bruit de grenaille). Le bruit en $1/f$ devient plus prononcé avec l'augmentation du courant de polarisation.

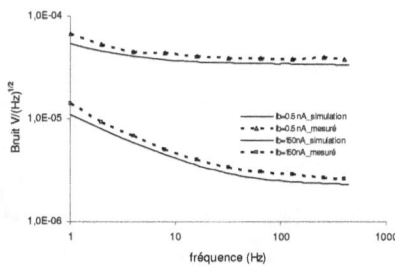

Figure 3-37 Bruit ramené à l'entrée de l'OTA

3. 9. 2 Résultats de tests du filtre OTA-C

Le circuit fabriqué contient également un filtre OTA-C passe bas du second ordre conçu avec la cellule transconductance proposée. Son schéma est présenté à la figure 3-38, sa fonction de transfert est donnée par :

$$H(p) = \frac{V_{out}(p)}{V_{in}(p)} = \frac{\dfrac{G_{m1}G_{m2}}{C_1 C_2}}{p^2 + \dfrac{G_{m2}}{C_2}p + \dfrac{G_{m1}G_{m2}}{C_1 C_2}}$$

(3-65)

avec $w_0 = \sqrt{\dfrac{G_{m1}G_{m2}}{C_1 C_2}}$ et $Q = \sqrt{\dfrac{C_2 G_{m2}}{C_1 G_{m_1}}}$

Afin d'avoir une réponse la plus plate possible dans la bande passante, les deux cellules transconductance sont identiques et les capacités C_1 et C_2 ont respectivement des valeurs de 30 pF et 15 pF. La figure 3-39 présente le diagramme de Bode obtenu pour différentes valeurs de courant de polarisation. La linéarité mesurée du filtre est égale à celle de l'OTA, néanmoins, la mesure du THD dans la bande passante et la bande atténuée montre que la linéarité est meilleure dans la bande passante. Ceci peut être attribué au fait que dans la bande passante, les deux OTA se comportent comme des suiveurs, et que dans ces conditions les tensions différentielles appliquées sur les entrées de chaque OTA sont alors faibles. La figure 3-40 montre la variation de la fréquence de coupure et de la valeur du bruit rms mesurée sur la bande passante en fonction du courant de polarisation. Cette figure montre également que des très faibles fréquences de coupure (< 1 Hz) peuvent être obtenues. Cependant, on observe également une augmentation du niveau de bruit, qui dégrade par conséquent la dynamique du filtre. Les autres résultats de mesure sont présentés au tableau 3-8.

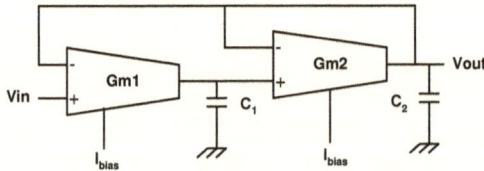

Figure 3-38 Filtre OTA-C du deuxième ordre

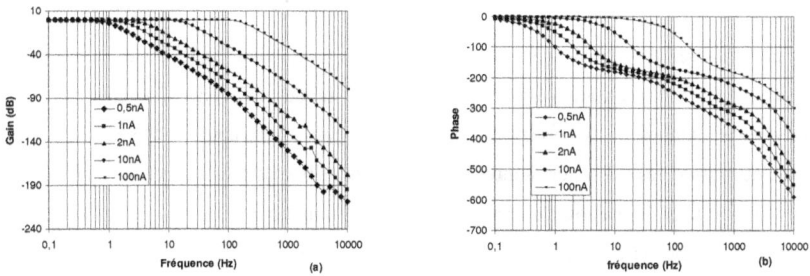

Figure 3-39 Caractéristiques du filtre (a) Gain (b) Phase

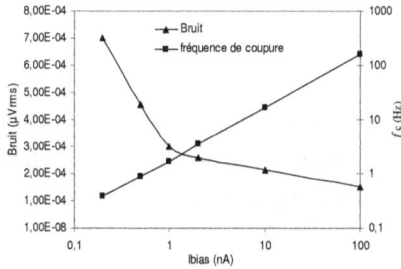

Figure 3-40 Evolution de la valeur du bruit et de la fréquence de coupure en fonction en fonction du courant de polarisation

Tension d'alimentation	1.5 V
Consommation	~ 2 µW
Plage linéaire (THD <1%)	1.1 Vpp
Bruit $(0 - f_c)$ µVrms	
I_{bias} = 100 nA	152
I_{bias} = 1 nA	290
I_{bias} = 0.5 nA	455
SNR (dB)	
I_{bias} = 100 nA	68 dB
I_{bias} = 1 nA	62 dB
I_{bias} = 0.5 nA	58 dB
Surface	0.18 mm^2

Tableau 3-8 Caractéristiques du filtre fabriqué

3. 10 Conclusion

Dans ce chapitre, nous avons étudié l'amplificateur transconductance polarisé en faible inversion dédié à la réalisation de filtre OTA-C très faibles fréquences de coupures. Les différentes techniques de linéarisation de la cellule transconductance ont été étudiées en détail. L'utilisation des transistors à multiples entrées et grilles flottantes a permis de diminuer la transconductance, la tension d'alimentation et la consommation. Deux nouvelles structures permettant d'augmenter considérablement la linéarité ont été proposées. L'une est basée sur la dégénérescence de source via des transistors MIFG-MOS, où leur propriété intrinsèque de la translation du niveau du signal d'entrée a permis d'empiler des transistors MIFG-MOS connectés en diode comme résistances de dégénération. La deuxième architecture proposée est basée sur l'implémentation de la technique de l'annulation de la distorsion cubique avec des transistors MIFG-MOS. Les résistances de sorties des deux structures ont été augmentées par l'utilisation des transistors composites et des miroirs de courant cascode faibles tensions d'alimentations. Les différents effets secondaires ont été étudiés et analysés en détail. Un circuit de compensation de la variation de la transconductance en fonction de la température a été également proposé. Le circuit proposé permet également de compenser la variation des paramètres technologiques.

Un circuit d' OTA implémentant l'annulation de la distorsion avec des transistors MIFG-MOS a été fabriqué. Les résultats de tests montrent les améliorations apportées par la technique proposée. Le circuit à une entrée en mode commun Rail-To-Rail et fonctionne sous des faibles tensions d'alimentations (1.2-1.5 V) avec des faibles consommation (<1µW).

Un filtre OTA-C de second ordre a été fabriqué avec la cellule transconductance implémentant la technique de l'annulation de la distorsion cubique. Les résultats de tests montrent une plage linéaire de l'ordre de 1.1 Vpp, et que des très faibles fréquences de coupure peuvent être obtenues. Les performances peuvent être améliorées par l'implémentation de la deuxième structure de la figure 3-19, basée sur la dégénérescence de source via des transistors MIFG-MOS, car de faibles transconductances peuvent être obtenues avec des courants relativement élevés ce qui améliorera le rapport du signal à bruit (SNR) du filtre.

Le prochain chapitre présente un autre exemple où l'utilisation des transistors à multiples entrées et grille flottante (MIFG-MOS) a permis la conception du multiplieur CMOS sous de faible tensions d'alimentation et consommation.

94

Chapitre 4 Multiplieurs et Operateurs Non-Lineaire MOS

4. 1 Introduction

Un multiplieur analogique est un opérateur non linéaire, qui trouve son application dans plusieurs domaines de traitement du signal comme dans la démodulation du signal, le filtrage adaptatif, les réseaux de neurones…etc. Il est aussi l'opérateur de base pour réaliser d'autres fonctions non-linéaire élémentaires mono et multi dimensionnelles comme la racine carré, la division et le produit-sommation.

On distingue deux types de multiplieur MOS. Le premier est en mode courant, où les grandeurs d'entrée et de sortie du multiplieur sont des courants, et le deuxième est en mode tension où le résultat de la multiplication de deux tensions est un courant de sortie. La multiplication en mode courant est généralement réalisée en appliquant le principe « translinéaire » [See88] [Gil90] [See00], alors que la multiplication de tensions est réalisée par différentes techniques, en exploitant les caractéristiques du transistor MOS.

Le premier multiplieur analogique MOS en mode tension a été introduit par Soo et Meyer en 1982 [Soo82] [Bab85], et a fait l'objet depuis, de nombreuses réalisations [Abel94] [Liu 94] [Liu 95] [Eit00] [Mau02]. Suivant le mode de fonctionnement des transistors, on peut classé les multiplieurs publiés dans la littérature en trois grandes familles :

❑ Multiplieurs à base de transistor MOS en faible inversion

❑ Multiplieurs à base de transistor MOS en forte inversion

❑ Multiplieurs à base de transistor MOS en régime Ohmique de la forte inversion

Pour les trois types de multiplieurs, comme on va le montrer dans la suite, la réduction de la tension d'alimentation a un grand impact sur la dynamique, à cause de la diminution de l'amplitude du signal d'entrée. La consommation est aussi importante, ceci peut être attribué à la présence d'étages supplémentaires pour réaliser la multiplication ou pour augmenter la plage de linéarité.

Ce chapitre est consacré à l'étude du multiplieur analogique de tension en technologie CMOS. Les principes de réalisations de cet opérateur seront présentés, ainsi que les améliorations apportées par l'utilisation des transistors MIFG-MOS .

Nous présentons en premier le multiplieur MOS en faible inversion, où la technique de linéarisation présentée au chapitre précèdent est utilisée pour améliorer les performances. Puis en deuxième lieu, on présente les principes de réalisations de multiplieur CMOS en saturation et en région ohmique. On va montrer que les transistors à grilles flottantes permettent de simplifier considérablement l'architecture du multiplieur, surtout dans le cas où les transistors sont polarisés en saturation.

L'extension de l'application des transistors MIFG-MOS à d'autre opérateurs non-linéaires mono et multidimensionnels fait l'objet de la dernière partie de ce chapitre. Ces opérateurs comprennent l'opérateur « produit-sommation », l'opérateur valeur moyenne et l'opérateur moyenne quadratique.

4. 2 Multiplieur en faible inversion

En faible inversion, le multiplieur est réalisé en utilisant la technique inspirée de la structure proposée par Gilbert en technologie bipolaire [Gil68]. Cette technique convient parfaitement au régime de faible inversion, car dans ce mode de fonctionnement le transistor MOS a le même comportement que le transistor bipolaire [Aal92] [Abe94]. Ce type de multiplieur est souvent utilisé dans le calcul neuronal [Cou96] [Col96]. Il présente des performances en linéarité limitées et une tension d'alimentation élevée. L'analyse ci dessous montre ces limitations.

La figure 4-1 présente la version MOS du multiplieur de Gilbert. Elle est constituée de 3 paires différentielles empilées avec une source de courant. La fonction de transfert du multiplieur est calculée en utilisant la relation courant-tension du transistor en faible inversion par (voir chapitre 3) :

$$I_{out} = I_{s1} - I_{s2}$$

$$= I_{bias} \tanh\left(\frac{\kappa V_X}{2U_T}\right) . \tanh\left(\frac{\kappa V_Y}{2U_T}\right) \tag{4-1-a}$$

pour des faibles valeurs de V_X et V_Y, on écrit en première approximation :

$$I_{out} = I_{bias}\left(\frac{\kappa}{2U_T}\right)^2 . V_X V_Y \tag{4-1-b}$$

D'après les analyses menées sur la paire différentielle en faible inversion dans le troisième chapitre, on sait que pour un THD < 1 %, la plage linéaire du multiplieur est de l'ordre de 53 mV en V_X et V_Y.

Les plages d'entrées en mode commun sont données par les conditions de saturation des transistors M_0, M_1 et M_2 (équation 3- 9) :

$$\max(V_{X1}, V_{X2}) > \max(V_{Y1}, V_{Y2}) + 4U_T \qquad (4\text{-}2\text{-}a)$$

et $$\max(V_{Y1}, V_{Y2}) > V_{bias} + 4U_T \qquad (4\text{-}2\text{-}b)$$

D'après les équations 4-1 et 4-2, on constate que le multiplieur Gilbert a une faible dynamique (comportement exponentielle du transistor MOS) et nécessite une tension d'alimentation élevée (à cause des transistors empilés entre les deux rails d'alimentation).

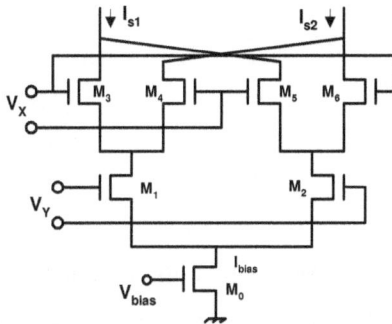

Figure 4-1 Multiplieur de Gilbert version MOS

Des améliorations pour augmenter la plage linéaire par l'utilisation des techniques de dégénérescence de source et de la paire asymétrique ont été proposées dans [Liu95], Mais la linéarité obtenue reste très faible (<100 mV). Une autre technique pour augmenter la plage linéaire est montrée à la figure 4-2, elle consiste en l'utilisation de transistor BD-MOS [Cou96]. La fonction de transfert est donnée par :

$$I_{out} = I_{bias} \tanh\left(\frac{\kappa V_X}{2U_T}\right).\tanh\left(\frac{(1-\kappa)V_Y}{2U_T}\right) \qquad (4\text{-}3)$$

La linéarité est alors améliorée seulement en Y . En plus, cette technique nécessite que les tensions mode commun en X et Y soient suffisantes pour permettre la polarisation des transistors et éviter l'effet du transistor bipolaire inhérent au transistor BD-MOS (voir chapitre 2, paragraphe 2. 7. 1). Elle nécessite par ailleurs, l'utilisation d'une tension d'alimentation élevée pour assurer le bon fonctionnement du circuit.

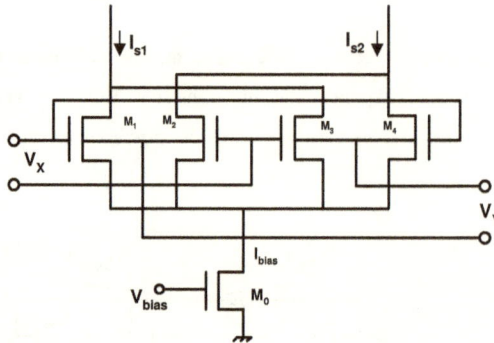

Figure 4-2 Multiplieur CMOS avec des transistors BD-MOS

4. 2. 1 Un nouveau multiplieur à base de transistor MIFG-MOS en faible inversion

En utilisant la technique de linéarisation de la paire différentielle proposée dans le chapitre 3, la dynamique d'entrée du multiplieur peut être sensiblement améliorée. Le circuit proposé est présenté dans la figure 4-3-a. Il est composé d'une paire MIFG-PMOS et deux paires MIFG-NMOS. Les transistors des trois paires différentielles sont polarisés en faible inversion alors que les transistors M_3-M_4 du miroir de courant sont polarisés en forte inversion pour permettre une meilleure précision.

Le courant de sortie I_{out} du multiplieur est calculé par les relations suivantes :

$$I_{out} = \left(I_1 + I_1^{'}\right) - \left(I_2 + I_2^{'}\right) \qquad (4\text{-}4\text{-}a)$$

$$I_{bias} + I_{Y1} = I_1 + I_2 + I_3 \qquad (4\text{-}4\text{-}b)$$

$$I_{bias} + I_{Y2} = I_1^{'} + I_2^{'} + I_3^{'} \qquad (4\text{-}4\text{-}c)$$

$$I_{Y1} + I_{Y2} + I_3^{''} = I_{bias} \tag{4-4-d}$$

En utilisant la relation I-V du transistor en faible inversion, on trouve la fonction de transfert du multiplieur:

$$I_{out} = I_{bias} \left(\frac{\sinh(\frac{X}{V_0})}{\cosh(\frac{Y}{V_0})+2} \right) \left(\frac{\sinh(\frac{Y}{V_0'})}{\cosh(\frac{Y}{V_0'})+2} \right) \tag{4-5}$$

avec $V_0 = \frac{V_T}{\kappa_n w_1}$, $V_0' = \frac{V_T}{\kappa_p w_1}$, I_{bias} est le courant de polarisation des trois paires différentielles.

En développant cette équation en série de Taylor on obtient :

$$I_{out} = I_{bias} \left(\frac{1}{9} V_0 V_0' \right) \left(XY - \frac{1}{180} XY^5 - \frac{1}{180} X^5 Y + ... \right) \tag{4-6}$$

L'expression précédente montre que la fonction de transfert du multiplieur présenté n'a que des harmoniques impaires d'ordre supérieures ou égal à 5. Avec les mêmes analyses faites sur cette technique au chapitre précédent, on calcule pour un THD < 1 %, $w_1 = 0.1$ et $w_2 = 0.9$ une plage linéaire de 1.2 Vpp en X et en Y. La tension minimale d'alimentation est fixée par le niveau de courant de polarisation des trois paires différentielles (voir équation 3-16).

Le diagramme de la fonction de transfert DC du multiplieur est donné sur la figure 4-4 avec une tension d'alimentation de 1.5 V. Le courant de sortie est dans l'intervalle de (-18.5 nA, 18.5 nA) pour un courant de polarisation de 100 nA. Sa valeur maximale correspond au cas où |X| = |Y| = 1.5 Vpp. La consommation totale du multiplieur est de l'ordre de 260nW. La tension et la consommation sont faibles grâce à l'utilisation des transistors MIFG-MOS en faible inversion.

Une version plus compacte du multiplieur proposé est présentée à la figure 4-3-b, où les tensions de grilles des transistors de la troisième paire différentielle sont directement tirées des grilles des transistors MIFG-MOS de la deuxième paire différentielle.

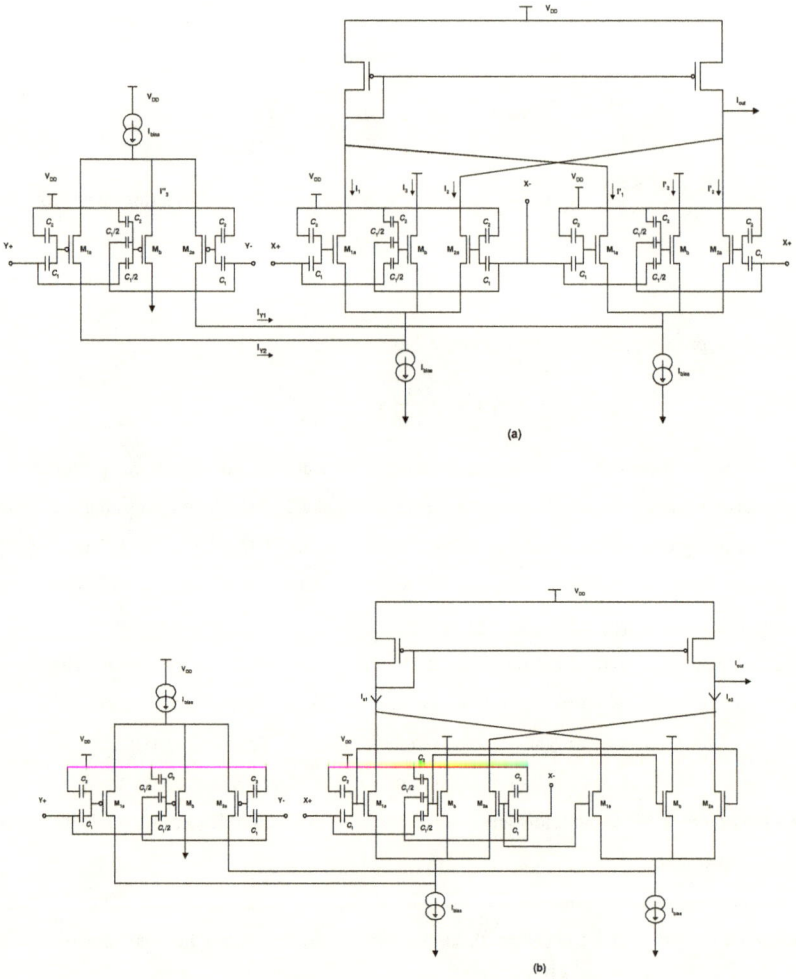

Figure 4-3 (a) Multiplieur MOS proposé basé sur des transistors MIFG-MOS en faible inversion (b) version compacte du circuit a)

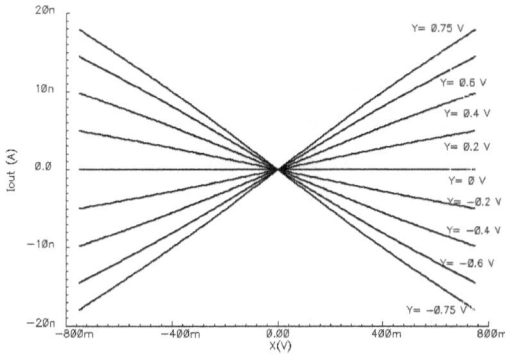

Figure 4-4 Fonction de transfert du multiplieur proposé à la figure 4-3

4. 2. 2 Analyse des erreurs dues aux effets secondaires

Afin de bien caractériser le multiplieur, les analyses des influences venant des imperfections du transistor sont nécessaires. Avant de commencer, nous allons souligner d'abord les trois principaux défauts d'un multiplieur.

- La tension d'offset : définie comme la tension obtenue en sortie en l'absence de tensions d'entrées. La mesure consiste à donner la tension de sortie pour $V_X = 0$ et $V_Y = 0$.

- Le décalage d'une entrée (feedthrough) : c'est le phénomène de présence d'une tension de sortie proportionnelle à l'une ou l'autre des tensions d'entrées. Elle est mesurée généralement en prenant une entrée à un potentiel nulle ($V_X=0$ ou $V_Y=0$) et l'autre à un potentiel variable.

- La non-linéarité : est la dépendance non linéaire de la tension de sortie avec l'une ou l'autre des tensions d'entrée. Elle est mesurée par la distorsion harmonique en faisant entrer un signal sinusoïdal à une entrée (V_X ou V_Y) et un signal DC pour l'autre (V_Y ou V_X).

En résumé, le courant de sortie du multiplieur réel est décrit par :

$$I_{out} = \sum_{j}^{n} \sum_{i}^{n} A_{ij} V_X^i V_Y^i \tag{4-7}$$

- ➤ la tension d'offset : le terme ($i = 0, j = 0$)
- ➤ le passage du signal "feedthrough" : les termes ($i = 0, j = 1$) et ($i = 1, j = 0$)
- ➤ la non linéarité : les termes ($i \geq 1, j > 1$) et ($i > 1, j \geq 1$)

Nous présentons dans ce qui suit les effets secondaires pour le multiplieur proposé à la figure 4-3. Les analyses sont très similaires a celles faites au chapitre précédent sur l'amplificateur transconductance.

4. 2. 2. 1 Offset et passage du signal

L'erreur d'appariement des transistors, les capacités parasites, les charges initiales présentes dans l'oxyde de grille des transistors MIFG-MOS et les erreurs des rapports de capacités introduisent un courant d'offset et un passage de signal en X et Y (voir précèdent chapitre). Pour réduire l'effet d'appariement des transistors, les transistors du miroir de courant sont polarisés en forte inversion, et les transistors des trois paires différentielles sont en faible inversion. L'effet des capacités parasites peut être négligé en prenant la capacité totale C_T très grande devant C_{GS} des transistors MIFG-MOS. L'effet de la capacité C_{GB} peut être aussi négligé car le potentiel du substrat est nul (voir équation 2-39). L'erreur des rapports de capacités peut être réduite en utilisant les techniques de layout. Enfin l'effet des charges piégées peut être compensé par la technique d'évacuation de charges décrite au chapitre 2, paragraphe 2. 7. 1.

La figure 4-5 présente la variation du courant d'offset estimée par des simulations monte-carlo. Le courant d'offset du multiplieur a une valeur comprise entre -250 pA et 250 pA. Ce courant d'offset peut être compensé en ajustant les tensions de polarisations des transistors MIFG-MOS. Les passages de signaux sont présentés à la figure 4-5. Le décalage dû à l'entrée Y (feedthrough en Y) est supérieur à celui de X (feedthrough en Y) et le maximum est de 34 pA pour Y= ± 750 mV.

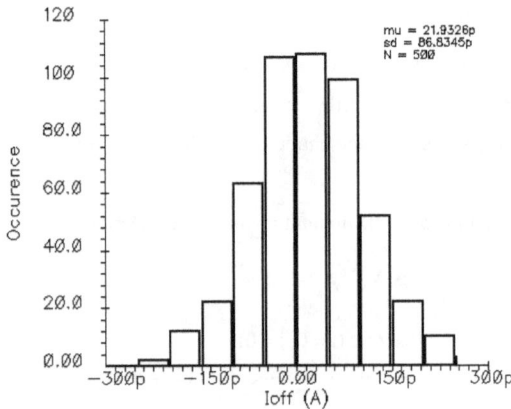

Figure 4-5. Courant d'offset du multiplieur

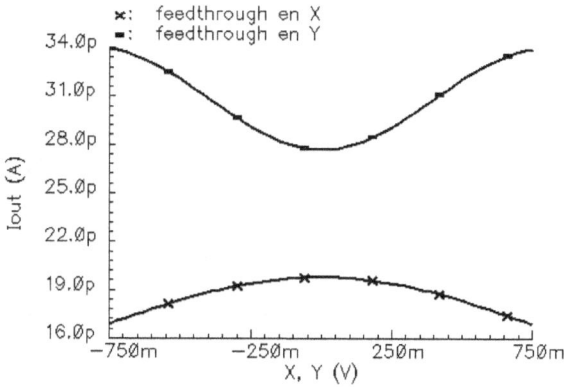

Figure 4-4-6 Estimation du feedthrough en X et en Y

4. 2. 2. 2 linéarité du multiplieur

La linéarité du multiplieur est mesurée par la distorsion harmonique. Les simulations ont été effectuées en présence des différentes sources d'erreurs. La figure 4-7 donne les distorsions harmoniques d'ordre 2, 3 et 5 pour un signal X de 100 Hz avec l'entrée Y fixée à 1.5Vpp, et pour un signal Y de 100 Hz avec l'entrée X fixée à 1.5Vpp. La distorsion cubique est dominante et non nulle, mais reste inférieure à 1% pour des signaux d'amplitude inférieurs à 1.2 Vpp .

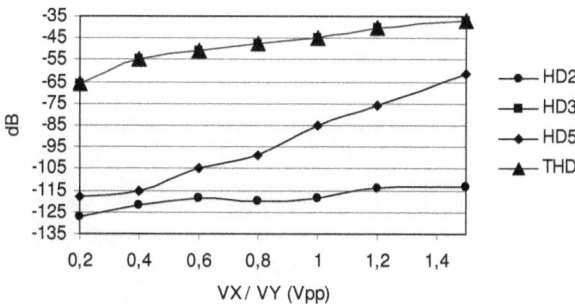

Figure 4-7 Linéarité du multiplieur

4. 2. 2. 3 l

Les réponses fréquentielles en X et Y du multiplieur sont montrées à la figure 4-8. La bande passante est de 75 KHz pour les deux tensions d'entrées.

103

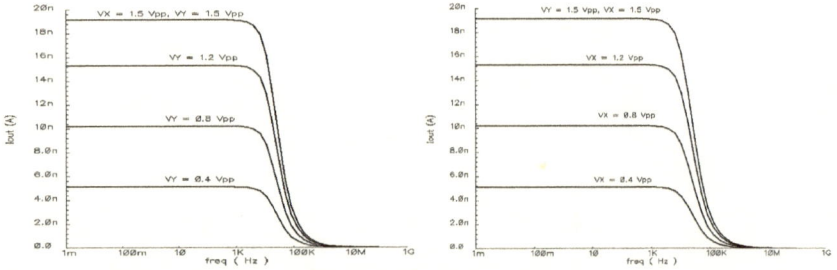

Figure 4-8. Réponses fréquentielles du multiplieur : à gauche pour V_X , à droite pour V_Y

4. 2. 2. 4 Bruit

Le bruit ramené à l'entrée simulé est montré à la figure 4-9. Le bruit en $1/f$ est dominant en basse fréquence jusqu'à une fréquence supérieur à 1 KHz. Le niveau du bruit thermique est de $260nV/\sqrt{Hz}$. La valeur rms du bruit total ramené à l'entrée sur une bande de fréquence de 1 à 75 KHz est de l'ordre de 70 μVrms.

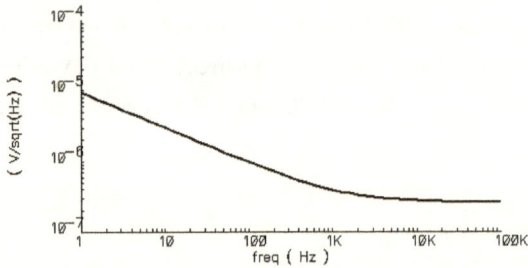

Figure 4-9 Bruit ramené à l'entrée du multiplieur

Le tableau 4-1 résume les caractéristiques et les principaux résultas de simulations obtenus.

M1-M6	12/16
MP_1-MP_2	4/100
C_1 , C_2	1.8 pF, 0.2 pF

Tension d'alimentation	1.2 - 1.5 V
Linéarité@THD< 1%	1.2 Vpp en V_X 1.2 Vpp en V_Y
Consommation	260 nW
Bande passante (-3dB)	75 KHz
Bruit ramené à l'entrée (1 Hz à 75 KHz)	70 µVrms
offset	± 250 pA
Surface (estimée)	0.14 mm²

Tableau 4-1 Caractéristiques du multiplieur

4. 4 Multiplieurs à base de transistors MOS en forte inversion

4. 4. 1 Multiplieur de type quadratique différentielle

La structure de base consiste à réaliser, avec quatre transistors l'identité algébrique quadratique différentielle suivante :

$$(V_X + V_Y)^2 - (V_X)^2 - (V_Y)^2 = 2V_X V_Y \qquad (4-8)$$

Cette réalisation convient particulièrement au transistor MOS en forte inversion, car l'opération carrée peut être obtenue en exploitant sa relation quadratique I-V.

Une structure utilisant ce principe a été trouvée dans [Wan91] [Kim95] [Han98] est présentée à la figure 4-10. Le multiplieur est formé de quatre transistors de tailles géométriques identiques polarisés avec une source de courant. En utilisant l'équation du transistor MOS en forte inversion on a :

$$I_1 = \beta(V_X + V_Y - V_0 - V_{TH})^2 + \beta(-V_0 - V_{TH})^2 \qquad (4-9-a)$$

$$I_2 = \beta(V_X - V_0 - V_{TH})^2 + \beta(V_Y - V_0 - V_{TH})^2 \qquad (4-9-b)$$

d'où on peut écrire le courant de sortie par :

$$I_{out} = I_1 - I_2 = 2\beta V_X V_Y \tag{4-10}$$

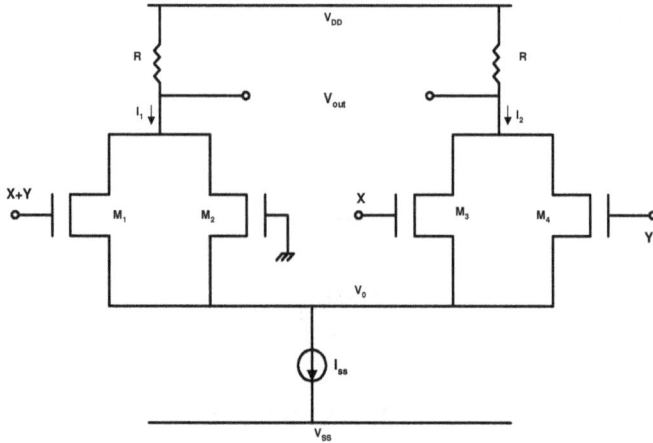

Figure 4-10 Principe du multiplieur proposé dans [Kim95]

Mais la multiplication ne peut être obtenue qu'après la réalisation de l'addition des deux tensions V_X et V_Y. Donc il est nécessaire d'ajouter un étage supplémentaire pour la réalisation de l'addition. Cette opération peut être réalisée avec le circuit présenté à la figure 4-11 [Kim95]. Il est composé de deux paires de transistors, polarisées chacune par un courant de polarisation statique I_{SS}. Le courant de drain du transistor M_1 est copié par le miroir de courant formé par les transistors MC_1-MC_2 dans le transistor M_2 connecté en diode. En utilisant la relation quadratique du transistor MOS, on a les relations suivantes :

$$V_{out} - (V_3 + V_{TH}) = \sqrt{I_{out}/\beta} \quad ; \quad V_Y - (V_3 + V_{TH}) = \sqrt{(I_{ss} - I_{out})/\beta} \tag{4-11-a}$$

$$V_X - (V_2 + V_{TH}) = \sqrt{I_{out}/\beta} \quad ; \quad 0 - (V_2 + V_{TH}) = \sqrt{(I_{ss} - I_{out})/\beta} \tag{4-11-b}$$

En soustrayant les trois dernières relations de la première, on obtient la somme des deux tensions V_X et V_Y:

$$V_{out} = V_X + V_Y \tag{4-12}$$

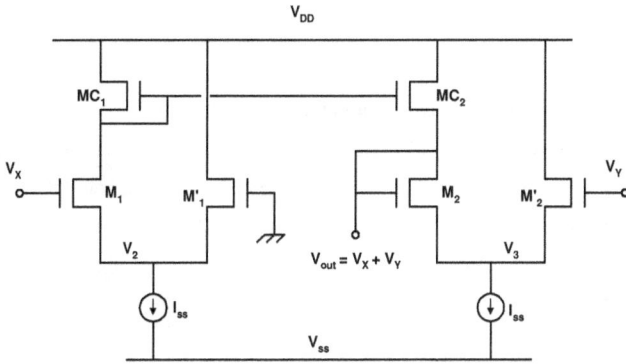

Figure 4-11 Circuit pour la réalisation de la somme de $V_X + V_Y$

Ce type d'implémentation, bien qu'il présente des bonnes performances de linéarité avec des tensions d'alimentations élevées, n'est pas adapté pour des applications faibles tensions d'alimentations et faibles consommations. La tension minimale d'alimentation est donné par la condition de fonctionnement de la paire différentielle en forte inversion (voir figure 4-12). Si la tension d'alimentation diminue, la plage linéaire du multiplieur sera fortement réduite. En plus, cette méthode d'implémentation de la multiplication augmente la surface et la consommation du multiplieur, à cause de l'étage supplémentaire nécessaire pour la réalisation de l'addition de V_X et V_Y.

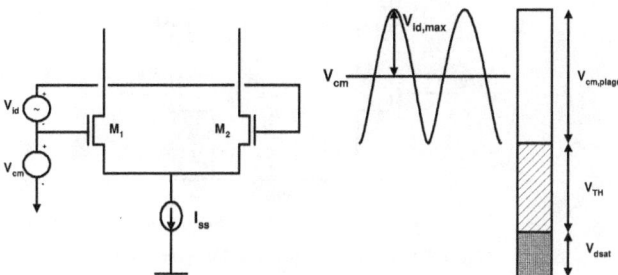

Figure 4-12 Plage de fonctionnement de la paire CMOS en forte inversion

4. 4. 2 Approche alternative

Une autre structure pour réaliser la multiplication est présentée à la figure 4-13. Elle est composée de deux branches identiques, chacune ayant 2 transistors empilés. Tous les transistors fonctionnent en forte inversion, avec M_2, M'_2 en saturation et M_1, M'_1 en région ohmique [Han98]. Considérons par exemple la branche B, si la transconductance du transistor M_2 est très grande par rapport à celle du transistor M_1, M_2 se comporte comme un suiveur et la tension drain-source du transistor M_1 est contrôlée par la tension Y à travers le transistor M_2. Les deux courants I_1 et I_2 des deux branches B et B' sont donnés par :

$$I_1 = \beta(V_{CMX} + X - V_{TH} - \frac{Y}{2})Y$$

$$I_2 = \beta(V_{CMX} - X - V_{TH} - \frac{Y}{2})Y$$

(4-13)

et la fonction de transfert du multiplieur peut être écrite par :

$$I_{out} = I_1 - I_2 = 2KXY$$

(4-14)

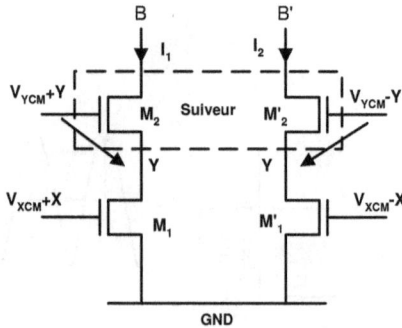

Figure 4-13 Multiplieur proposé dans [Han98]

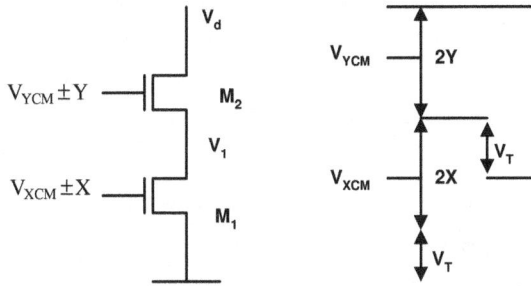

Figure 4-14 Illustration graphique de la plage linéaire du multiplieur de la figure 4-13

L'avantage de cette technique par rapport à la technique précédente est que aucun pré-calcul n'est nécessaire et que la multiplication s'obtient directement en exploitant les deux modes de fonctionnement du transistor en forte inversion (ohmique et saturé). Les plages d'entrées des deux signaux X et Y sont données par les conditions de fonctionnement des transistors M_1 (M'_1) et M_2 (M'_2), respectivement, en régime ohmique et saturé :

$$\begin{cases} V_{XCM} \pm X > V_{TH} \\ V_{YCM} \pm Y - V_{TH} < V_{XCM} \pm X - V_{TH} \\ V_{YCM} \pm Y - V_{TH} < V_d \end{cases} \qquad (4\text{-}15)$$

Une illustration graphique de l'équation précédente est donnée à la figure 4-14. Par exemple pour avoir une plage linéaire de 1 V_{pp} en X et Y, la tension minimale d'alimentation doit être égal à 2.8 V (avec un V_{TH} de 0.8 V).

Les deux principes de réalisations du multiplieur MOS présentés aux deux paragraphes précédents ne permettent pas de faible tension d'alimentation et consommation principalement à cause du fonctionnement du transistor MOS en forte inversion qui impose une tension grille-source et par ailleurs augmente la tension d'alimentation minimale. Ces deux principes de réalisation peuvent être sensiblement améliorés en utilisant des transistors MIFG-MOS. Par exemple, dans le cas du circuit de la figure 4-13, la propriété du translation du niveau du signal des transistors MIFG-MOS évoqué aux chapitres précédents, permettra d'empiler les deux transistors en saturation sans autant augmenter la tension d'alimentation.

Un autre avantage peut être tiré du transistor MIFG-MOS, il concerne l'exploitation de ses multiples entrées pour la réalisation de l'addition des deux tensions V_X et V_Y. Comme on va le voir par la suite, cette propriété est très importante, car elle peut apporter des simplifications significatives au niveau de la réalisation du multiplieur.

4. 4. 3 Un nouveau multiplieur à base de transistors MIFG-MOS en forte inversion

L'implémentation de la relation différentielle (4-8) nécessite un étage supplémentaire pour la réalisation de la somme des deux tensions V_X et V_Y. Cette opération peut être réalisée simplement avec un seul transistor MIFG-MOS polarisé en saturation de la forte inversion. Le courant drain source du transistor MIFG-MOS de la figure 4-15 est donné par :

$$I_D = \beta(w_1 V_X + w_1 V_Y + w_2 V_P - V_{TH})^2 \qquad (4\text{-}16)$$

w_i est le facteur du couplage capacitif des tensions appliquées sur les entrées du transistor MIFG-MOS. V_P est une tension de polarisation permettant la réduction de la tension de seuil V_{TH} (voir chapitre 1).

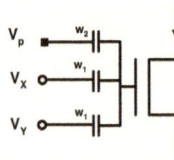

Figure 4-15. Réalisation de l'addition et de l'opération carré par un transistor MIFG-MOS

La structure du multiplieur proposée est montrée à la figure 4-16, où 3 transistors MIFG-MOS et un transistor classique MOS de mêmes dimensions géométriques sont utilisés pour réaliser la multiplication des deux tensions V_X et V_Y. Les transistors MIFG-MOS possèdent trois entrées chacun, deux entrées ont un couplage capacitif identique w_1 et la troisième a un couplage w_2.

En utilisant la relation quadratique du transistor MOS en saturation de la forte inversion, et en supposant que $R_1 = R_2 = R$ et $V_{pol} = w_2 V_{DD}$, les courants drain-source des quatre transistors sont donnés par :

$$I_1 = \beta(w_1 V_X + w_1 V_Y + w_2 V_{DD} - V_{TH}))^2$$

$$I_2 = \beta(w_2 V_{DD} - V_{TH}))^2$$

$$I_3 = \beta(w_1 V_X + w_2 V_{DD} - V_{TH}))^2$$

$$I_4 = \beta(w_1 V_Y + w_2 V_{DD} - V_{TH}))^2$$

(4-17)

La tension de sortie peut être calculée par :

$$V_{out} = R(I_1 + I_2 - I_3 - I_4)$$

$$= (2\beta R w_1^2) V_X V_Y$$

(4-18)

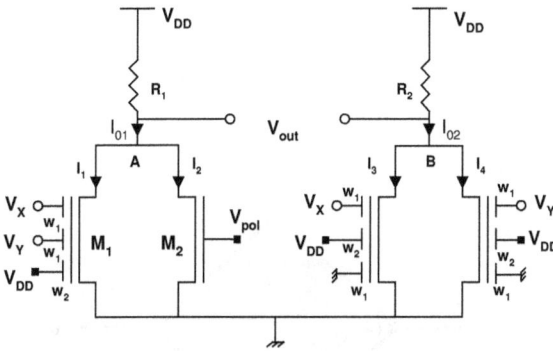

Figure 4-16. Multiplieur proposé avec des transistors MIFG-MOS polarisés en forte inversion

4. 4. 3. 1 plage linéaire du multiplieur

La plage linéaire d'entrée du multiplieur est donnée par les conditions de saturation des transistors MOS en forte inversion, c'est à dire par $V_{FG} \geq V_{TH}$ et $V_{FG} - V_{TH} \leq V_{DS}$ où V_{FG} est la tension de grille du transistor MIFG-MOS et V_{DS} sa tension drain-source. Si on suppose que les quatre transistors sont en saturation, on a les relations suivantes :

$$w_1 V_X + w_1 V_Y + w_2 V_{DD} \geq V_{TH} \qquad ; \qquad V_{DD} - R(I_1 + I_2) \geq V_X + V_Y - V_B - V_{TH}$$

$$w_2 V_{DD} \geq V_{TH} \qquad ; \qquad V_{DD} - R(I_1 + I_2) \geq w_2 V_{DD} - V_{TH}$$

(4-19)

$$w_1 V_X + w_2 V_{DD} \geq V_{TH} \qquad ; \qquad V_{DD} - R(I_3 + I_4) \geq w_1 V_X + w_2 V_{DD} - V_{TH}$$

$$w_1 V_Y + w_2 V_{DD} \geq V_{TH} \qquad ; \qquad V_{DD} - R(I_3 + I_4) \geq w_1 V_Y + w_2 V_{DD} - V_{TH}$$

111

En utilisant les équations 4-17 et 4-19 et après quelques manipulations algébriques, les expressions ci-dessus conduisent à :

$$(V_X + V_Y)^2 - |V_X V_Y| \le \frac{V_{DD}}{2Rw_1^2\beta} \qquad (4-20)$$

Cette expression montre que les plages d'entrées des signaux V_X et V_Y sont étroitement liées avec la valeur de la résistance de sortie, le rapport de capacité w_1 et le facteur transconductance des transistors. Les choix de ces derniers paramètres doit être fait en fonction de la tension d'alimentation et de la plage linéaire recherchées. Comme on va le détailler par la suite, la valeur de la résistance doit être la plus faible possible pour que les transistors soient toujours en saturation. De même, la valeur de w_1 doit être la plus petite possible pour réduire la tension d'alimentation. La représentation graphique de la plage linéaire du multiplieur est donnée sur la figure 4-17.

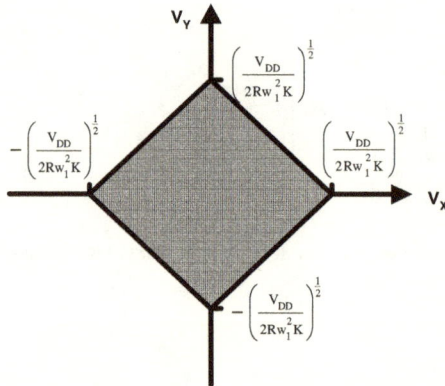

Figure 4-17. illustration graphique de la plage d'entrée du multiplieur

4. 4. 3. 2 Tension d'alimentation minimale du multiplieur :

Un des avantages de la structure proposée à la figure 4-16 est que la tension d'alimentation peut être très faible. La tension minimale d'alimentation est donnée par la plage linéaire requise qui est entre V_{DD} et la tension de seuil effective des transistors MIFG-MOS (transistor MOS en saturation). Cette dernière est donnée d'après l'équation 2-43 par :

$$V_{TH,eff} = \frac{1}{w_1}(V_{TH} - w_2 V_{DD}) \qquad (4-21)$$

En utilisant la relation précédente, la tension d'alimentation minimale du multiplieur peut être trouvée par :

$$V_{DD,min} = \left(1/(w_1 + w_2)\right)\left(w_1 V_{X,Lin} + w_1 V_{Y,Lin} + V_{TH}\right) \qquad (4\text{-}22)$$

où w_1, w_2 sont les coefficients du couplage capacitif des transistors MIFG-MOS, V_{Lin} est la plage linéaire recherchée du multiplieur et V_{TH} est la tension de seuil.

D'après l'équation 4-22, w_1 doit avoir la plus faible possible pour permettre une grande plage d'entrée en X et Y et pour diminuer la tension d'alimentation. Par exemple, pour avoir une plage linéaire en X et Y de $V_{Lin} = 1.5\ V_{pp}$, en choisissant $w_1 = 0.1$ et $w_2 = 0.8$, la tension d'alimentation minimale est de l'ordre de 1.5 V (avec $V_{TH} = 0.8$ V).

4. 4. 3. 3 Le choix des tailles des transistors et des résistances

Pour réaliser la multiplication, les quatre transistors MOS doivent être en saturation, lorsque l'amplitude des deux tensions d'entrées V_X et V_Y sont maximales et minimales. Les tensions minimales des nœuds A et B, qui correspondent au cas où $V_X = V_Y = V_{DD}$, doivent être suffisantes pour assurer la saturation des transistors. Cette condition peut être formulée par :

$$V_{DD} - R\beta\left((2w_1 + w_2)V_{DD} - V_{TH}\right)^2 > (2w_1 + w_2)V_{DD} - V_{TH} \qquad (4\text{-}23)$$

où β est le facteur transconductance des transistors.

En prenant $V_{DD} = 1.5$, $w_1 = 0.1$ et $w_2 = 0.8$, on trouve alors la relation, assurant la saturation des transistors, entre les dimensions géométriques des transistors et la valeur de la résistance R :

$$R.\beta < 2 \qquad (4\text{-}24)$$

avec les paramètres technologiques de la technologie AMS-0.8 µm on trouve R < 45 KΩ pour des transistors ayant un rapport géométrique unitaire (W/L=1).

Les principaux aspects à prendre en compte lors du dimensionnement des transistors du multiplieur sont les capacités parasites, l'erreur d'appariement des transistors, la modulation du canal.... Il faut trouver un compromis entre ces différents aspects pour optimiser les performances. Les erreurs introduites par ces effets secondaires seront étudiées par la suite.

4. 4. 3. 4 Multiplication de la somme de tensions :

Il est possible de réaliser la multiplication de n tensions X par la somme de n tensions Y en utilisant des transistors MIFG-MOS à n entrées. Le circuit proposé est montré dans la figure 4-18. Le choix du nombre d'entrées des transistors MIFG-MOS dépend du nombre de tensions dont on veut réaliser la multiplication.

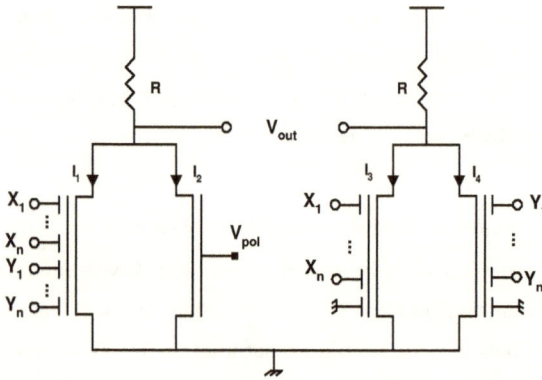

Figure 4-18. Généralisation du principe de multiplication MOS

En utilisant la relation quadratique du transistor MOS en saturation de la forte inversion, et en supposant que les tensions d'entrées ont le même couplage capacitive w_1, la tension de sortie du multiplieur est donné par :

$$V_{out} = 2R\beta w_1^2 (\sum_i V_{Xi})(\sum_j V_{Yj}) \qquad (4\text{-}25)$$

- **Cas de trois tensions (i = 3, j = 2)** : en utilisant des transistors MIFG-MOS à six entrées, on réalise la multiplication de la somme de trois tensions par une quatrième. La fonction de transfert du multiplieur est donnée par :

$$V_{out} = 2R\beta R_1^2 (V_{X1} + V_{X2} + V_{X3})(V_{Y1} + V_{Y2}) \qquad (4\text{-}26)$$

- **Cas de quatre tensions (i=2, j=2)** : en utilisant des transistors MIFG à cinq entrées, on peut réaliser la multiplication de la somme de deux entrées. La tension de sortie est donnée par :

$$V_{out} = 2R\beta w_1^2 (V_{X1} + V_{X2})(V_{Y1} + V_{Y2}) \tag{4-27}$$

4. 4. 3. 5 Analyse des erreurs dues aux effets secondaires

4. 4. 5. 1 Effet d'appariement des transistors

Comme nous avons évoqué au deuxième chapitre, l'effet d'appariement des transistors peut être modélisé par les desappariements de β et de V_{TH}. L'analyse de ces effets est faite en supposant que les valeurs de β et de V_{TH} des transistors sont différentes de l'un à l'autre, soit β_i et V_{THi} pour le transistor M_i. L'équation (4-18) devient alors :

$$
\begin{aligned}
I_{out} = {}& 2(\beta_1 + \beta_2 + \beta_3 + \beta_4)V_X V_Y + (\beta_1 + \beta_2 - \beta_3 - \beta_4)V_X^2 + (\beta_1 + \beta_2 - \beta_3 - \beta_4)V_Y^2 \\
& + (\beta_1 V_{TH1} - \beta_2 V_{TH2} - \beta_3 V_{TH3} + \beta_4 V_{TH4})V_X + (\beta_1 V_{TH1} - \beta_2 V_{TH2} - \beta_3 V_{TH3} + \beta_4 V_{TH4})V_Y \\
& + \beta_1 (V_{TH1})^2 + \beta_2 (V_{TH2})^2 - \beta_3 (V_{TH3})^2 - \beta_4 (V_{TH4})^2
\end{aligned}
\tag{4-28}
$$

L'équation 4-28 montre que l'erreur d'appariement des transistors introduit la distorsion harmonique d'ordre 2 (les termes 2 et 3), le "feedthrough" des signaux d'entrées (les termes 4 et 5) et l'offset terme (6, 7, et 8). Nous pouvons remarquer que l'erreur d'appariement sur la tension de seuil V_{TH} ne cause aucune distorsion harmonique, donc n'introduit pas une dégradation de la plage linéaire. Les distorsions harmoniques sont uniquement données par l'erreur d'appariement sur β. L'effet d'appariement des transistors peut être réduit en augmentant les tailles des transistors (le produit W.L) et en utilisant des techniques de dessin des masques permettant des meilleurs précisions, comme l'utilisation de la technique « common centroid » pour le dessin des transistors M_1-M_4.

4. 4. 5. 2 effet des erreurs des résistances de sortie

Si on suppose que l'erreur d'appariement entre les deux résistances identiques R_1 et R_2 est donnée par ΔR, on a :

$$R_1 = R \qquad \text{et} \qquad R_2 = R + \Delta R \tag{4-29}$$

En tenant en compte l'erreur ΔR, la tension de sortie du multiplieur est donnée par :

$$V_{out} = RI_{01} - (R + \Delta R)I_{02} = (2w_1 R\beta)(V_X V_Y) - \cdots$$
$$\Delta R.\left(\beta\left[2(w_2 V_{DD} - V_{TH})^2 + (2w_1(w_2 V_{DD} - V_{TH})(V_X + V_Y) + w_1^2(V_X^2 + V_Y^2)\right]\right) \tag{4-30}$$

L'expression précédente montre que l'erreur sur les valeurs nominales des deux résistances de sortie peut introduire une tension d'offset (terme 1), des "feedthrough" des signaux d'entrée, (terme 2) et des distorsions harmoniques paires (terme 3).

4. 4. 5. 3 Effet de la réduction de la mobilité

L'effet de réduction de mobilité est modélisé pour un transistor NMOS par l'expression suivante (voir chapitre 2) :

$$I_{DS} = \beta \frac{(V_{GS} - V_{TH})^2}{1 + \theta_n(V_{GS} - V_{TH})} \tag{4-31}$$

où θ ($0.001\,V^{-1} < \theta_n < 0.1 V^{-1}$) est le facteur de la dégradation de la mobilité.

En prenant en compte la variation de la mobilité des porteurs dans le transistors MOS, on peut réécrire la tension de sortie du multiplieur par :

$$V_{out} \approx 2\beta.w_1^2.R\left(\frac{\left(1 - \dfrac{\theta_n V_{TH}}{1 - \theta_n V_{TH}}\right)^2}{(1 - \theta_n V_{TH})}(V_X V_Y) - \theta_n^2(V_X V_Y^3 + V_X^3 V_Y) + \cdots\right) \tag{4-32}$$

l'équation 4-32 montre que la réduction de la mobilité des porteurs dans le transistor MOS introduit des distorsions harmoniques d'ordre impairs. La distorsion harmonique d'ordre 3 est proportionnelle à $w_1^2.\theta_n^2$.

4. 4. 5. 4 Effet des charges piégées et des capacités parasites :

Comme nous l'avons vu au deuxième chapitre, les transistors MIFG-MOS peuvent avoir le problème des charges piégées dans l'oxyde de leurs grilles. Ces charges introduisent des variations de la tension de seuil des transistors MOS, ce qui cause une tension d'offset. Ce problème peut être résolu par les solutions reportés dans le chapitre 2, paragraphe 2. 7. 1.
La tension de grille flottante du transistor MIFG-MOS est donnée d'après l'équation 2-39 Par :

$$V_{FG} = \frac{\sum_{i=1}^{n} C_i V_i + C_{GS} V_S + C_{GD} V_D + C_{GB} V_B}{C_T}$$

(4-33)

En forte inversion, les capacités parasites importantes du transistor MOS sont les deux capacités C_{GS} et C_{GD}. Comme les sources et les substrats des transistors MIFG-MOS du multiplieur proposé sont reliées ensemble à la masse, l'effet de la capacité C_{GS} et C_{GB} peut être négligé. L'effet de la capacité C_{GD} dépend des tailles des transistors utilisées. En général, les erreurs introduites par les capacités parasites peuvent être réduites en augmentant la capacité totale C_T par rapport aux capacités parasites. C'est à dire en prenant $C_T \gg C_{GS}$, C_{GB} et C_{GD}.

4. 4. 5. 5 Autres effets secondaires

Nous avons analysé l'influence des trois effets les plus significatifs : l'effet d'appariement des transistors et des résistances, l'effet de la réduction de la mobilité et l'effet des charges piégées et des capacités parasites. Il existe d'autres effets secondaires comme l'effet du substrat qui peut être négligé car les substrats des transistors sont reliés à leurs sources respectives. L'effet de la modulation du canal est diminué par l'utilisation de transistor à large L. L'effet de la résistance série a le même effet que la réduction de la mobilité. Il introduit par conséquent des distorsions d'ordre impaires comme montré ci-dessus.

4. 4. 3. 6 Résultats des simulations

Les simulations présentées dans la suite sont effectuées en se basant sur le modèle équivalent du transistor MIFG-MOS présenté dans l'annexe B. Afin de minimiser les erreurs introduites par les effets secondaires présentés dans les paragraphes précédents, les transistors M_1-M_4 sont dimensionnés avec W = 10 µm et L = 10 µm. La capacité totale a été fixée à 2 pF. Avec des valeurs de C_1 et C_2, respectives, de l'ordre de 100 fF et 1.8 pF.

4. 4. 3. 6. 1 Caractéristique DC

La figure 4-19 présente la fonction de transfert DC du multiplieur. Le courant de sortie est tracé pour des valeurs positifs de V_X et V_Y (dans le quadrant positif). V_X et V_Y prennent des valeurs entre 0 et V_{DD} = 1.5 V. La valeur maximale du courant de sortie est de 1.3 µA. Elle correspond au cas où $V_X = V_Y = 1,5$ V. La consommation totale du multiplieur est de l'ordre de 37 µW.

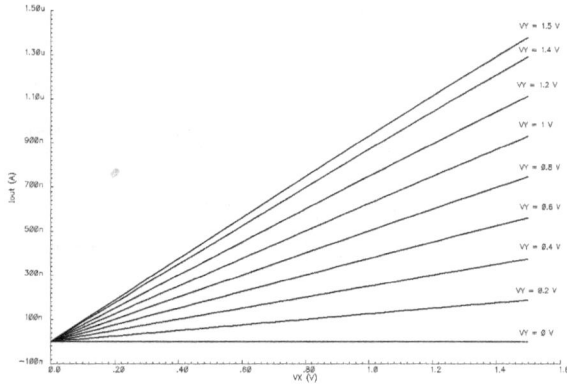

Figure 4-19. Fonction de transfert du multiplieur

4. 4. 3. 6. 2 Tension d'offset et passage du signal d'entrée (feedthrough)

Afin d'estimer la tension de décalage et le passage du signal introduits par les effets secondaires, la simulation Monte-Carlo a été effectuée (avec le fichier fourni par le fondeur). Avec une analyse de type mismatch & process et en faisant 500 essais de simulations, la tension d'offset du multiplieur a une déviation standard de 2,5 mV (voir figure 4-20). Cette tension d'offset peut être compensée en ajustant la tension de polarisation appliquée sur la grille du transistor M_2. Les décalages en V_X (feedthrough de V_X) et en V_Y (feedthrough de V_Y) sont présentés à la figure 4-21.

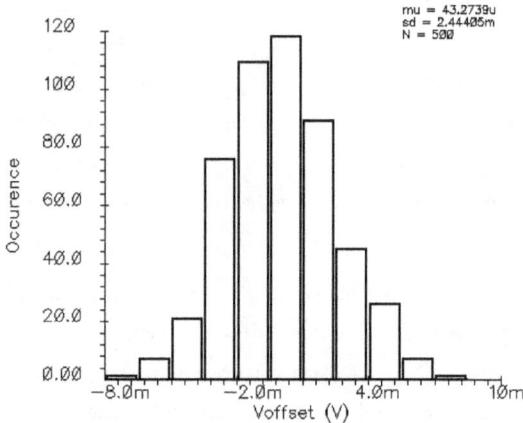

Figure 4-20. Distribution de l'offset de la tension de sortie

118

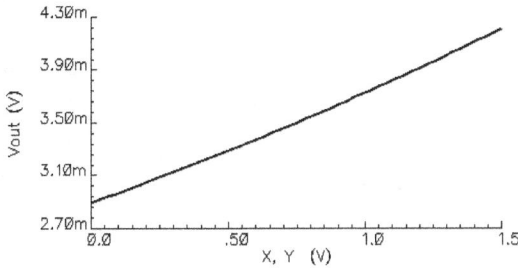

Figure 4-21. Estimation du passage de signal de V_X et V_Y

4. 4. 3. 6. 3 Linéarité du multiplieur

La linéarité est mesurée par la distorsion harmonique. La figure 4-22 donne les distorsions harmoniques d'ordre 2, 3 et 5 pour V_X à une fréquence de 100 kHz , V_Y fixée à 1.5 Vpp et pour V_Y à une fréquence de 100 kHz et V_X fixée à 1.5 Vpp. Les deux courbes sont identiques, ceci montre la symétrie du multiplieur. Le THD reste inférieur à - 45 dB pour toute la plage d'entrée entre 0 et V_{DD} = 1.5 V. On constate que la distorsion dominante est la distorsion d'ordre 2. La distorsion harmonique cubique augmente pour une tension d'entrée supérieur à 1 V_{pp}. Selon les analyses effectuées aux paragraphes précédents, la distorsion harmonique d'ordre 2 est principalement dû à l'effet du non appariement du facteur de transconductance des transistors (β) et des résistances de sorties, alors que la distorsion cubique vient principalement de l'effet de la réduction de mobilité.

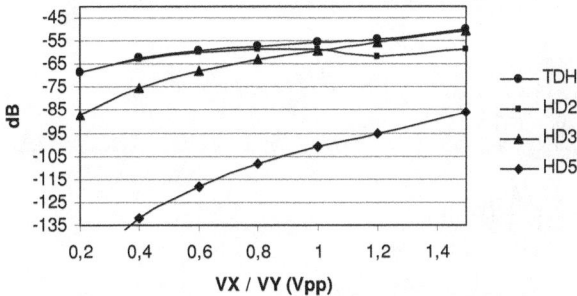

Figure 4-22. Linéarité du multiplieur

La figure 4-23 présente le résultat de multiplication d'une tension d'entrée V_X de 1.5 Vpp d'amplitude à une fréquence de 10 KHz et V_Y de 1.5 V_{pp} à une fréquence de 1 KHz, en présence des différentes erreurs présentées dans les paragraphes précédents. La simulation a été effectuée en introduisant une erreur sur les rapports des capacités de 1 %, une différence de charges initiales de 2 % entre les transistors MIFG-MOS et une erreur d'appariement de 1.2 %. L'erreur sur la tension de sortie est donnée par $V_{erreur} = V_{out} - V_{ideal}$. La valeur maximale d'erreur sur V_{out} est le rapport de V_{erreur} sur l'intervalle d'excursion de V_{out}. D'après la figure 4-23-c, on calcule une erreur de l'ordre de l.1%.

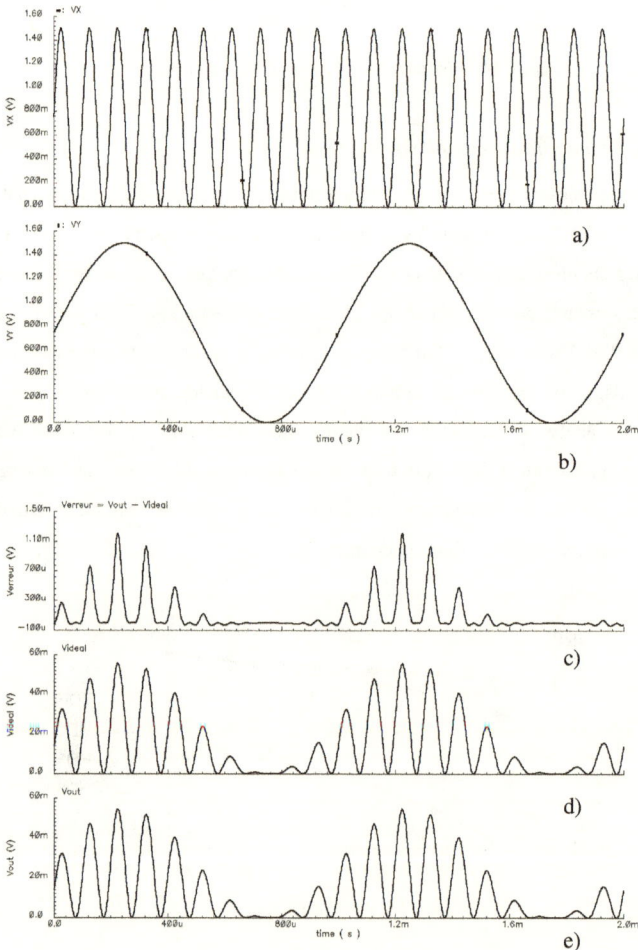

Figure 4-23 a, b) Tensions d'entrées VX =1.5 Vpp (10 KHz) , VY= 1.5 Vpp (100Kz) c) l'erreur de la tension de sortie du multiplieur d) sortie idéale du multiplieur e) sortie en présence des erreurs

4. 4. 3. 6. 4 Réponse fréquentielle

Les réponses fréquentielles du multiplieur sont présentées à la figure 4-24. L'absence de nœuds internes dans le circuit permet une large bande passante. A - 3 dB, la bande passante est de 150 MHz pour les deux entrées V_X et V_Y.

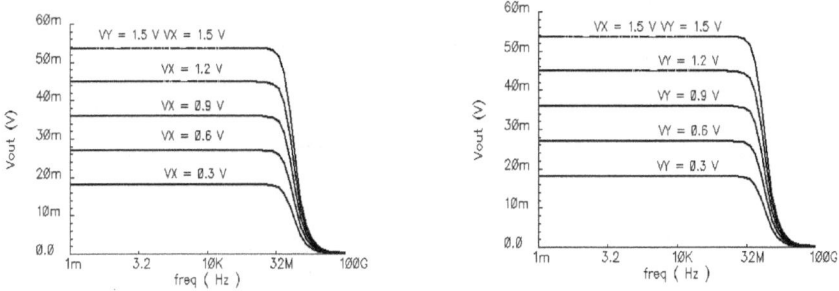

Figure 4-24. Réponses fréquentielles du multiplieur a) pour V_X b) pour V_Y

4. 4. 3. 6. 5 Bruit

La figure 4-25 présente les résultats de simulations du bruit ramené à l'entrée du multiplieur. Le bruit en $1/f$ reste dominant jusqu'à une fréquence supérieure à 1KHz. Le niveau du bruit thermique est de l'ordre de $220nV/\sqrt{Hz}$. Dans une bande de 1 Hz à 100 MHz la valeur rms du bruit est de l'ordre de 280 μVrms. Ce résultat peut être amélioré en utilisant des transistors PMOS qui possèdent un faible facteur K_F par rapport aux transistors NMOS.

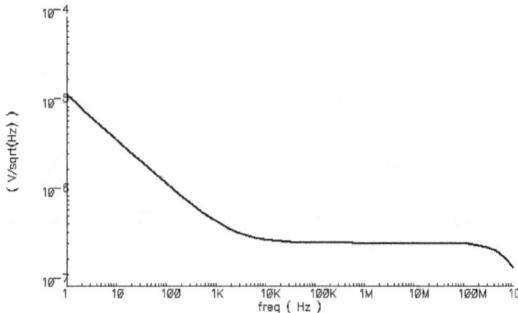

Figure 4-25. Bruit ramené à l'entrée du multiplieur

121

Les principales caractéristiques du multiplieur sont résumées au tableau 4-2.

Tension d'alimentation	1.5 V
C_1, C_2	0.1 , 1.8 pF
Résistance (R)	40 KΩ
Linéarité (TDH <1%)	Rail-to-Rail en V_X Rail-to-Rail en V_Y
Bande passante	150 MHz
Consommation	37 µW
Bruit	280 µVrms
Offset	± 2,5 mV
Surface (estimée)	0.06 mm²

Tableau 4-2. Caractéristiques du multiplieur évaluées par simulation

4. 5 Multiplieurs avec des transistors en régime Ohmique de la forte inversion :

La troisième technique pour réaliser des multiplieurs MOS consiste à utiliser des transistors en régime Ohmique de la forte inversion. Afin d'expliquer plus facilement le principe de cette technique, nous allons d'abord souligner et formuler la caractéristique I-V du transistor MOS en région ohmique. La figure 4-26 montre un transistor avec les potentielles V_G, V_D, V_S aux nœuds de grille, du drain et de la source respectivement. Le courant drain-source est donné par [Joh97] :

$$I_{DS} = \beta[a_1(V_D - V_S) + a_2(V_D^2 - V_S^2) + a_3(V_D^3 - V_S^3) + \cdots]$$ (4-34)

avec

$a_1 = 2(V_G - V_{TH})$

$a_2 = -[\frac{1}{2}g(-V_B + f_B)^{-1/2}]$

$a_n = \gamma A(n)(-V_B + f_B)^{-(2n-3)/2}$ pour n ≥ 3

$A(3) = -\frac{1}{12}$, $A(4) = \frac{1}{32}$, $A(5) = -\frac{1}{64}$ etc....

L'équation 4-34 peut être réécrite sous une forme plus concise en définissant une fonction f de la façon suivante :

$$I_{DS} = \beta[f(V_D) - f(V_S)]$$ (4-35)

avec $f(V) = a_1 V + a_2 V^2 + a_3 V^3 + \cdots$

Le transistor MOS en région ohmique peut donc être modélisé par une résistance linéaire contrôlée par la tension de grille V_G plus une résistance non-linéaire (voir figure 4-26).

Figure 4-26. Circuit équivalent du transistor MOS en région ohmique

4. 5. 1 Cellule multiplicatrice

La cellule multiplicatrice montrée sur la figure 4-27 a été proposée d'abord dans [Cza86] pour la réalisation de l'intégrateur MOSFET-C. Puis elle a servi à réaliser le multiplieur analogique dans [Han98] et [Hua93]. Les quatre transistors présents dans le circuit fonctionnent dans la zone ohmique de la forte inversion. En utilisant la relation 4-35, nous avons les courants I_{DS} de chaque transistor :

$$I_{DS1} = \beta[f(Y_1) - f(E_1)] \qquad I_{DS2} = \beta[f(Y_2) - f(E_1)] \qquad (4\text{-}36\text{-}a)$$

$$I_{DS3} = \beta[f(Y_1) - f(E_2)] \qquad I_{DS4} = \beta[f(Y_2) - f(E_2)] \qquad (4\text{-}36\text{-}b)$$

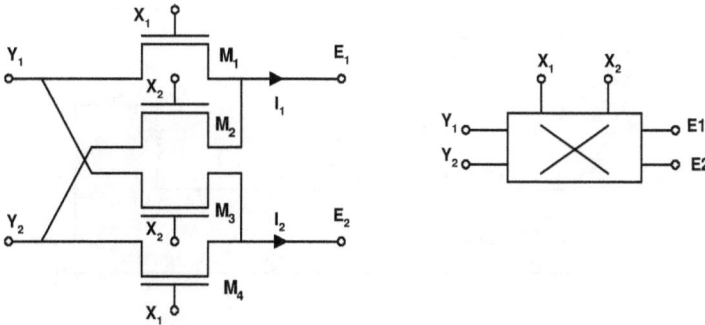

Figure 4-27 Cellule multiplicatrice utilisant des MOS en régime ohmique et son symbole

Sous la condition $E_1 = E_2$, les connexions croisées des quatre transistors permettent de supprimer les termes non-linéaires présents dans l'équation 4-35. Le courant de sortie est donné par :

$$Is = I_{S1} - I_{S2} = (I_{DS1} + I_{DS3}) - (I_{DS2} + I_{DS4})$$
$$= 2\beta(Y_1 - Y_2)(X_1 - X_2)$$

(4-37)

On réalise alors une multiplication de deux tensions et le résultat se présente sous forme de courant différentiel. La condition $V_{E1} = V_{E2}$ peut être implémentée par deux méthodes. La première en utilisant un AOP [Hua93] comme montré à la figure 4-28-a, et la deuxième en utilisant un source-suiveurs [Lee95] voir figure 4-27-b. La loi des nœuds aux points A et B impose que les deux courants de sortie de la cellule multiplicatrice soient identiques. Donc, la tension de sortie est donnée par :

$$V_{out} = 4\beta Z_f XY$$

(4-38)

avec $X = X_1 - X_2$, $Y = Y_1 - Y_2$, et $V_{out} = V_{0+} - V_{0-}$

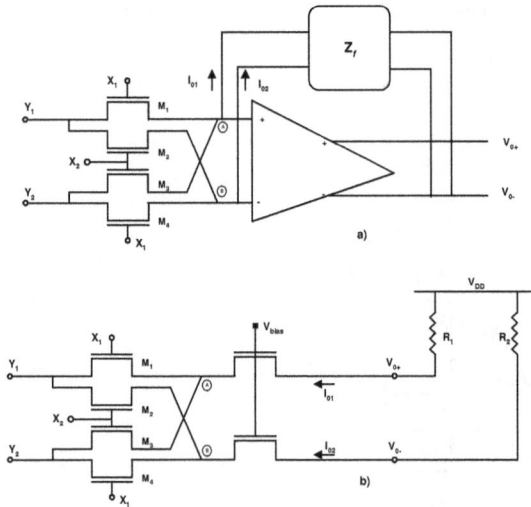

Figure 4-28. Multiplication par la cellule multiplicatrice a) en utilisant un AOP

b) en utilisant un source-suiveur

4. 5. 1. 1 Plage d'entrée des signaux

Le fonctionnement du circuit se base sur la caractéristique non-saturé du transistor MOS. Pour assurer le bon fonctionnement des transistors de la cellule multiplicatrice, certaines conditions sur les signaux d'entrées doivent être respectées. Selon le circuit de la figure 4-26 nous avons pour les transistors M_1-M_4 :

$$Y_1 \leq X_1 - V_{TH} \qquad Y_1 \leq X_2 - V_{TH}$$
$$Y_2 \leq X_1 - V_{TH} \qquad Y_2 \leq X_2 - V_{TH} \qquad (4\text{-}39)$$

Cela conduit à

$$Y_1, Y_2 \leq \min[X_1 - V_{TH}, X_2 - V_{TH}] \qquad (4\text{-}40)$$

Cette dernière relation impose une condition sur la plage d'entrée mode commun de la tension X, qui doit être très grande pour permettre une large plage linéaire en Y.

4. 5. 2 Améliorations possibles

Afin d'avoir une dynamique raisonnable des signaux d'entrée sous une faible tension d'alimentation, la solution proposée est d'utiliser des transistors MIFG-MOS pour introduire un décalage de niveau en X et Y. Le décalage en X est achevé seulement par le remplacement des transistors MOS classiques de la cellule multiplicatrice par des transistors MIFG-MOS (voir figure 4-29-a). Le buffer présenté à la figure 4-29-b est utilisé pour augmenter l'impédance d'entrée et introduire un décalage en Y. Il est dimensionné avec un gain de 4 et peut fonctionner correctement sous une faible tension d'alimentation grâce au transistor MIFG-MOS (Mb). L'atténuation effectuée par le couplage capacitif et le facteur gain du buffer permet d'augmenter la linéarité du multiplieur en Y. Les mêmes simulations que pour les multiplieurs présentés dans les paragraphes précédents ont été effectuées pour le multiplieur amélioré. Les résultats de simulations obtenus sont présentés au tableau 4-3. Ils montrent l'amélioration sensible en linéarité. Cependant, le niveau du bruit et la consommation totale sont augmentés par rapport aux structures présentées aux paragraphes précédents.

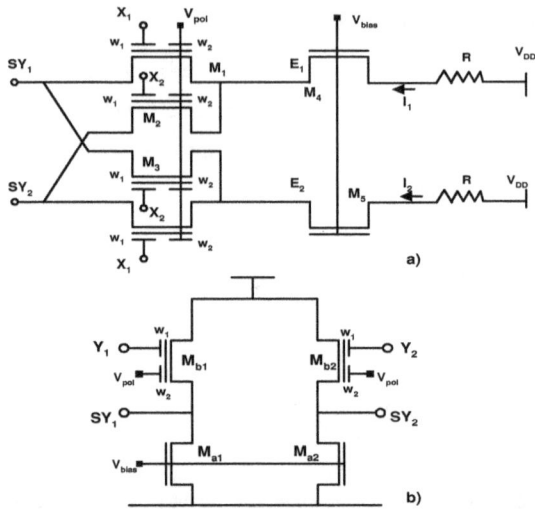

Figure 4-29. Amélioration du multiplieur présenté à la figure 4-27 a) cellule multiplicatrice améliorée b) buffer MIFG-MOS pour Y

M_1-M_6	10/10
M_{b1}-M_{b2}	20/2
M_{a1}-M_{a2}	80/2
C_1, C_2	0.1 pF, 1.9 pF
Tension d'alimentation	1.5 V
Linéarité @THD<1%	1.5 Vpp en Y 1.5 Vpp en X
Consommation	384 µW
Offset	± 4.2 mV
Bande passante	30 MHz
Bruit	350 µVrms
Surface (estimée)	0.1 mm^2

Tableau 4-3. Caractéristiques du multiplieur à base de la cellule multiplicatrice améliorée

4. 6 Choix et comparaison

Le tableau ci-dessous résume une comparaison entre les structures de multiplieurs développés dans les paragraphes précédents et ceux publiés dans la littérature. Il montre les performances apportées par l'utilisation des transistors MIFG-MOS dans la conception du multiplieur de tension analogique. Les trois circuits proposés possèdent des grandes plages linéaires avec des faibles consommations et faibles tensions d'alimentations.

Le choix de l'architecture du multiplieur dépend du domaine et des contraintes de l'application. Le circuit de la figure 4-3 présente l'avantage d'une très faible consommation avec un faible niveau de bruit et une bande passante de l'ordre de 75 KHz. Donc il est plus adapté pour des applications basse fréquence qui nécessitent de très faibles tensions et consommations. Cependant le multiplieur de la figure 4-16, présente un bon compromis en surface et une large bande passante et peut être utilisé dans des applications faibles et hautes fréquences. Sa simplicité (trois transistors MIFG-MOS) permet une faible surface donc une grande capacité d'intégration. Ceci est utile, surtout dans le cas des opérateurs complexes, où un grand nombre de cellules multiplicatrices est nécessaire.

	Tension d'alimentation	Consom mation	Plage linéaire (THD<1%)	Bruit (Vrms)	offset	Bande passante	Surface mm^2
Fig 4-4	1.2 – 1.5 V	260 nW	1.2 Vpp	70	± 250 pA	75 KHz	0.14
Fig 4 -21	1.5 V	37 µW	1.5 Vpp	280	± 2.5 mV	150 MHz	0.06
Fig 4-30	1.5 V	384 µW	1.5 Vpp	350	± 4.2 mV	30 MHz	0.1
[Han98]	3 V	238 mW	1 Vpp	200	± 5 mV	38 MHz	-
[Che98]	2.5 V	1 mW	1 Vpp	90	-	20 MHz	-
[Sim03]	± 1.5 V	2.7 mW	1 Vpp	180	-	160 MHz	1.2
[Fra97]	5 V	4 mW	3 Vpp	-	-	100 MHz	1

Tableau 4-4 Comparaison des structures de multiplieurs proposées avec d'autre structures présentées dans la littérature

4. 7 Principes d'opérations non-linéaires MOS

Nous présentons dans les paragraphes suivants la réalisation d'autres opérateurs non linéaires MOS avec des transistors MIFG-MOS. Ces opérateurs serrent au prétraitement du signal et à la réalisation d'opérations mathématiques entre les signaux. Les opérations non-linéaires de base que nous allons présenter sont le carré, la division et la racine carré. Les autres opérations, plus complexes, peuvent être en général réalisées en combinant ces opérations de base. L'implémentation de ces opérateurs avec des transistors MIFG-MOS simplifie leurs architectures et permet des performances similaires à celles du bloc multiplieur: augmentation de la plage linéaire, faible tension, faible consommation et faible surface. Par conséquent, ces opérateurs analogiques sont susceptibles de constituer une alternative à l'utilisation du traitement numérique.

4. 7. 1 Opérateur Carré

L'opérateur carré peut être réalisé par le circuit proposé à la figure 4-30. En supposant que $\left(\dfrac{W}{L}\right)_3 = 2.\left(\dfrac{W}{L}\right)_{1,2}$ et en utilisant la relation quadratique du transistor MOS, on a :

$$V_{out} = 2\beta R V_{in}^2 \qquad (4\text{-}41)$$

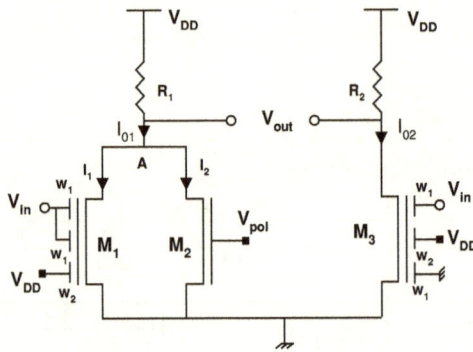

Figure 4-30. Opérateur carré

4. 7. 2 Opérateur Racine Carrée

L'opération racine carré peut être effectuée avec l'opérateur carré de la figure 4-30 et le multiplieur présenté à la figure 4-21. Les deux cellules sont connectées comme montré à la figure 4-31. En écrivant la loi de Kirchhoff on a la relation :

$$I_{out1} + I_{out2} = 2\beta_1(V_1V_2 + V_{out}^2) = 0 \qquad (4\text{-}42)$$

D'où on a la tension de sortie :

$$V_{out} = -\sqrt{V_1V_2} \qquad (4\text{-}43)$$

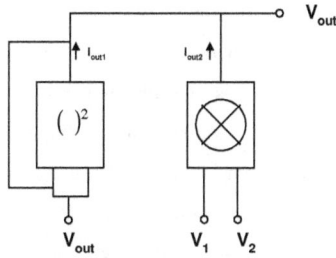

Figure 4-31. Opérateur racine carré

4. 7. 3 Opérateur diviseur

La structure du diviseur est similaires avec celle de l'opérateur racine carré. Elle est constituée de la cellule carré et du multiplieur connectés comme montré à la figure 4-32. En appliquant la loi de Kirchhoff on a :

$$I_{out1} + I_{out2} = 2\beta_1(V_{Con} + V_{out}V_2) = 0 \qquad (4\text{-}44)$$

La tension de sortie est donnée par :

$$V_{out} = -V_{Cont} \cdot \frac{V_1}{V_2} \qquad (4\text{-}45)$$

Le facteur de gain de la division est contrôlé électriquement par V_{Con}.

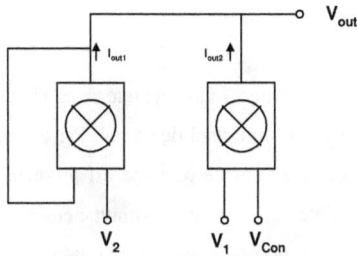

Figure 4-32. Opérateur diviseur

129

4. 8 Opérateurs multidimensionnels

Les opérateurs exposés ci-dessus sont de types monodimensionnels, c'est à dire que le nombre d'opérants se limite à un ou deux. Or les nouvelles techniques de traitement de l'information se basent souvent sur des algorithmes parallèles, voir massivement parallèles. Un exemple est le modèle des réseaux de neurones. L'implémentation VLSI de ces derniers demandent des opérateurs multidimensionnels. A l'heure actuelle, les différents réseaux de neurones implantés sont numériques, or la nature du signal analogique et les caractéristiques du circuit analogique déterminent que les opérateurs analogiques peuvent effectuer plus efficacement et économiquement ces opérations multidimensionnelles [Bo98] [Fuj93]. Ceci est particulièrement vrai dans le cas des circuits analogiques à base de transistors MIFG-MOS. Comme on va le voir par la suite, ses multiples entrées offrent la possibilité de réaliser des opérateurs multi entrées d'une manière plus optimales en consommation et vitesse de fonctionnement. Les opérateurs que nous développons dans la suite sont : l'opérateur produit-sommation et l'opérateur des valeurs moyenne arithmétique et quadratique.

4. 8. 1 Opérateur produit-sommation

L'opérateur produit-sommation est un élément du multiplieur matrice-vecteur qui réalise l'opération suivante [Kub90] :

$$S_i = \sum_j W_{ij} X_j \tag{4-46}$$

avec Xj : l'élement du vecteur d'entrée

Wij : la matrice des poids

Sj : l'élément du vecteur de sortie

L'équation (4-46) est une opération fondamentale dans l'implémentation des réseaux de neurones et dans le traitement conventionnel du signal. Par exemple, elle est utilisée pour le calcul du potentiel post-synaptique dont le principe est présenté à la figure 4-33. Ce calcul peut être effectué en parallèle si on utilise simultanément plusieurs unités de calcul (multiplieurs et additionneurs). Il nécessite par contre quatre opérations de multiplications et trois additions pour obtenir le potentiel post-synaptique en trois cycles de calculs. Ces étapes de calculs peuvent être avantagement compactées en utilisant le circuit proposé à la figure 4-34. où seulement 12 transistors sont nécessaires pour obtenir directement le résultat. La simplicité du circuit proposé permet d'avoir une consommation modeste par rapport à la solution numérique. La consommation totale de l'opérateur est de l'ordre de 120 µW (quatre fois la consommation du multiplieur de la figure 4-21).

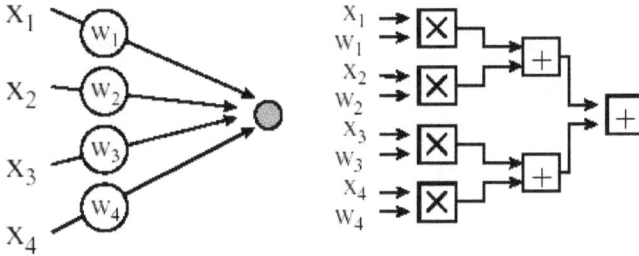

Figure 4-33 Les étapes de calcul du potentiel post-synaptique dans le réseau de neurone

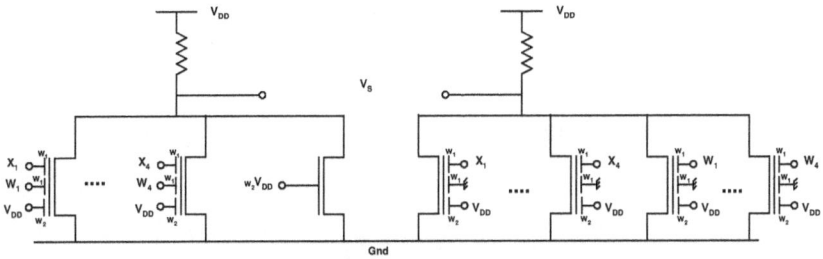

Figure 4-34. Cellule analogique pour le calcul du potentiel post- synaptique de la figure 4-33

4. 8. 2 Opérateur valeur moyenne

L'opérateur de valeur moyenne est un autre opérateur multi-entrées. Cette opération et utilisée aussi très souvent dans les réseaux de neurones. Il existe deux types de valeur moyenne : l'une est la valeur moyenne arithmétique, l'autre est quadratique. Les formules à calculer sont :

$$X = \frac{X_1 + X_2 + \cdots + X_N}{N} \tag{4-47}$$

$$X = \sqrt{X_1^2 + X_1^2 + \cdots + X_N^2} \tag{4-48}$$

4. 8. 2. a. Opérateur moyenne quadratique

Cet opérateur est une extension des opérateurs carré et racine carré présentés dans les paragraphes précédents. En utilisant la propriété de l'addition des courants, la cellule carré et l'opérateur racine carré, un tel opérateur peut être construit comme montré sur la figure 4-35. Le circuit réalise la fonction suivante :

$$X = \sqrt{\frac{K_1}{K_C} X_1^2 + \frac{K_2}{K_C} X_1^2 + \cdots + \frac{K_N}{K_C} X_N^2} \tag{4-49}$$

avec K_1, K_2 ...K_N, K_R sont les facteurs de gain des cellules carré et multiplicatrice.

L'équation (4-49) est identique à l'équation (4-48) si $K_i = K_C$. Cet opérateur permet de réaliser en plus la fonction moyenne pondérée en jouant sur les différentes valeurs de Ki.

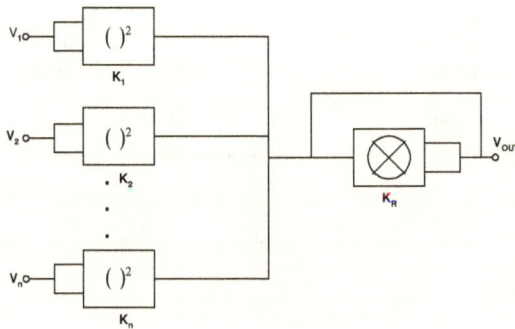

Figure 4-35. Opérateur moyenne quadratique

4. 8. 2. b. Opérateur moyenne arithmétique

Cette opération peut être réalisée par le circuit de la figure 4-36 proposé dans [Yan93]. Le circuit est composé de plusieurs amplificateurs transconductances (OTA). En utilisant la loi de Kirchhoff, nous avons :

$$G_{m1}(V_1 - V_{out}) + G_{m2}(V_2 - V_{out}) + \cdots + G_{mN}(V_N - V_{out}) = 0 \qquad (4\text{-}50)$$

D'où on a :

$$V_{out} = \frac{G_{m1}V_1 + G_{m2}V_2 + \cdots + G_{mN}V_N}{G_{m1} + G_{m2} + \cdots + G_{mN}} \qquad (4\text{-}51)$$

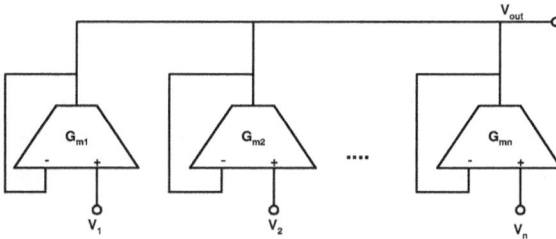

Figure 4-36. Opérateur moyenne arithmétique proposé dans [Yan93]

L'implémentation de cet opérateur peut être simplifiée par le circuit de la figure 4-36 où un simple OTA à base de transistors MIFG-MOS est utilisé. En écrivant que les deux tensions d'entrée de l'OTA sont identiques on a les relations suivantes :

$$C_1 V_1 + C_2 V_2 + \cdots + C_N V_N = (C_1 + C_2 + \cdots + C_N) V_{out} \qquad (4\text{-}52)$$

$$V_{out} = \frac{C_1 V_1 + C_2 V_2 + \cdots + C_N V_N}{C_1 + C_2 + \cdots + C_N} \qquad (4\text{-}53)$$

On obtient le même résultat que l'équation 4-51 avec une réduction de la consommation, car ce type d'implémentation comprend un seul élément actif.

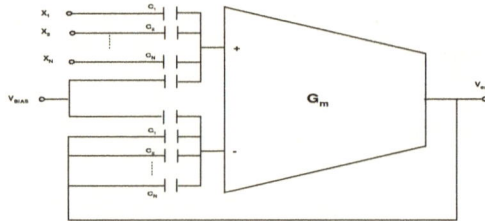

Figure 4-37. Opérateur moyenne arithmétique réalisé par un seul OTA avec des transistors MIFG-MOS

4. 9 Conclusion

Au fil de ce chapitre, nous avons présenté les techniques de réalisation du multiplieur analogique en technologie CMOS pour les deux modes de fonctionnements du transistor MOS : en faible et forte inversion. Des améliorations d'architectures à base de transistors MIFG-MOS ont été proposées. La technique de linéarisation développée au deuxième chapitre a été utilisée pour concevoir un multiplieur en faible inversion. On a montré également que les transistors MIFG-MOS simplifient considérablement l'implémentation du multiplieur de type quadratique différentielle. La réalisation des deux opérations (l'addition et l'opération au carré) est réalisée par un seul transistor, par conséquent, la multiplication peut être réalisée par un seul étage, constitué de trois transistors MIFG-MOS et un transistor MOS. Des améliorations de la cellule multiplicatrice en régime ohmique ont été également présentées.

Les performances des structures proposées ont été analysées en détail en prenant en compte les différents effets secondaires. Une comparaison avec les autres techniques de réalisation trouvées dans la littérature en terme de : tension d'alimentation, de consommation, de bruit et de surface montre les performances des architectures proposées.

A la dernière partie du chapitre, on a présenté les principes de réalisation des opérateurs non-linéaires mono et multidimensionnels et leurs implémentations avec des transistors MIFG-MOS.

Conclusion générale

Les opérateurs développés sont à base de transistors à multiples entrées et grilles flottantes (MIFG-MOS) polarisés en faible ou en forte inversion. Les performances obtenues montrent l'intérêt de l'utilisation des transistors MIFG-MOS pour la conception des circuits analogiques. Leur propriété intrinsèque du translation du niveau du signal d'entrée, permet d'augmenter la linéarité sous des faibles tensions d'alimentations.

Les contributions principales de ce travail ont portés sur les aspects suivants:

- Proposition de nouvelles structures de l'étage d'entrée de l'amplificateur transconductance (OTA) polarisé en faible inversion : En se basant sur l'utilisation des transistors MIFG-MOS, deux techniques de linéarisations ont été proposées. Le principe de la première est l'annulation de la distorsion cubique pour augmenter la plage linéaire. Cette amélioration est obtenue sans augmenter l'offset, le bruit et la consommation. Les résultas de tests ont montré une plage linéaire de 1.1 Vpp sous une tension d'alimentation de 1.2 Vpp et une consommation inférieure à 1μW. Le filtre conçu avec cette cellule transconductance a les mêmes performances, avec des faibles fréquences de coupures. La deuxième technique proposée est la dégénérescence de source par des transistors MIFG-MOS. La translation du niveau du signal par le couplage capacitif, permet d'empiler les transistors MIFG-MOS sans augmenter la tension d'alimentation. Les simulations électriques montrent de très faibles valeurs de transconductance, une plage linéaire différentielle et mode commun Rail to Rail.
- L'étude des méthodes d'augmentation de la résistance de sortie de l'OTA : l'analyse a portée sur les structures permettant d'augmenter la résistance de sortie, compatibles avec un environnement faible tension d'alimentation. L'étude a montré que les transistors composites sont une alternative aux transistors cascode.
- Le deuxième opérateur étudié est le multiplieur MOS en mode tension. Les différentes techniques de réalisations ont été étudiées. La technique de linéarisation par annulation de la distorsion cubique développée pour augmenter la plage linéaire de l'OTA, a été également utilisée pour augmenter la plage linéaire du multiplieur MOS en faible

inversion. On a montré également que les opérations d'addition et le carré peuvent être réalisées par un seul transistor MIFG-MOS à trois entrées polarisé en forte inversion. Cette propriété est très intéressante car elle apporte des simplifications très significatives sur l'architecture du multiplieur de type quadratique différentiel. Nous avons également proposé des améliorations pour la cellule multiplicatrice constituée de transistors MIFG-MOS en régime ohmique. Les architectures de multiplieur proposées possèdent des grandes plages linéaires avec des faibles tensions et faibles consommations.

- Les principes de réalisation d'autres opérateurs non linéaires analogiques ont été également étudiés. Nous avons montré que l'implémentation de ces derniers avec des transistors MIFG-MOS permet de réaliser plus efficacement ces propriétés avec des consommations modestes.

Suggestions pour l'étude future et Perspective

- La fabrication et l'étude des performances de l'OTA implémentant la dégénérescence de source via des transistors MIFG-MOS. Ceci doit permettre d'améliorer les performances en bruit.
- La fabrication et tests du circuit de polarisation proposé pour la compensation de l'effet de la température.
- L'étude d'une méthode d'annulation de la tension d'offset par l'ajustement de la tension de polarisation des transistors MIFG-MOS.
- Fabrications et tests des structures du multiplieur développées.
- L'étude de la possibilité de construire d'autres fonctions analogiques avec des transistors MIFG-MOS : amplificateur à gain variable, convertisseur numérique/analogique…
- L'étude des filtres très basses fréquences de coupures en mode courant.

Références bibliographiques

[Abe94] C. Abel, S. Sakurai, F. Larsen, and M. Ismail, "Four-quadrant CMOS/BiCMOS multipliers using linear-region MOS transistors." 1994 IEEE ISCAS proceedings 5, pp. 273-276, 1994.

[Ams08] "0.8-µm CMOS process parameters," Austria Microsystems Int. AG, Graz, Austria, Doc. 9933006, B ed., 1997.

[Bab85] J. N. Babanezhad and G. C. Temes, "A 20 –V Four-quadrant CMOS Analog Multiplier" IEEE J. Solide-State Circuits, vol. Sc-20, pp1158-1168 Dec, 1985.

[Bah04] F. Bahmani, E. Sanchez-Sinencio "A highly linear pseudo-differential transconductance CMOS OTA " ESSCIRC 2004. Proceeding of the 30th European. pp. 111 – 114

[Bot93] J. H. Botma, R. F. Wassenaar, and R. J. Wiegerink, "Simple rail-to-rail low voltage constant transconductance CMOS input stage in weak inversion," Electronics Letters, vol. 29, no. 12, pp. 1145-1147, June 1993.

[Bo98] G. M. Bo "Analog VLSI for Perception and Cognition. Ph.D. Thesis, DIBE, University of Genoa,1998.

[Che98] J. –J. Chen, S. I. Liu and Y. S. Hwang "Low-voltage single power supply four-quadrant multiplier using floating-gate MOSFETs" IEE Proc-circuits Devices, vol. 145, No. 1, February 1998.

[Che89] S. Cheng and P. Manos, "Effects of operating temperature on electrical parameters in analog Process" IEEE Circuits and device magazine, pp. 31-37 July 1989.

[Col96] G. Coll and F. Montecchi, "low voltage low power CMOS four-quadrant analog multiplier for neural network applications," IEEE Int. Symp. Circuits and Syst. May 1996, vol .1 pp. 469-499.

[Com04] Comer, D.J.; Comer, D.T.; "Using the weak inversion region to optimize input stage   design of CMOS op amps" Circuits and Systems II: Express Briefs, IEEE Transactions II: Analog and Digital Signal Processing, Volume: 51 , Issue: 1 , Jan 2004 pp:8-14.

[Cou96] D. Coué and G. Wilson "A Four quadrant subthreshold mode multiplier for analog neural network application" IEEE Transaction on neural networks, Vol. 7, No. 5. Sep. 1996.

[Cun95] Cunha A.I.A., Schneider M.C., Galup-Montoro C. "An explicit physical model for the long-channel MOS transistor including small-signal parameters" Solid-State Electronics.Vol. 38, #11, pg. 1945-1952, 1995.

[Cun98]   Cunha A. I. A., Schneider M.C., Galup-Montoro C. An MOS transistor model for analog circuit design. IEEE Journal of Solid-State Circuits, Vol. 33, #10, Oct. 1998.

[Cza86]   Z. Czarnul, "Modification of Banu-Tsividis Continuous-time integrator structure" IEEE Trans. Circuits Syst. Cas-33, pp714-716, July 1986.

[Dew97]   DeWeerth, S. P. Patel, G. N. Simoni, M.F "Variable linear-range subthreshold OTA" Electronics Letters, 33 , Issue: 15, pp. 1309 – 1311, 17 July 1997.

[Elm04a] A. El Mourabit, G. N. Lu, P. Pittet "Wide-Linear-Range subthreshold OTA for low-power, low-voltage and low-frequency applications" IEEE Transactions on Circuits and Systems, Part I: regular paper, Vol. 8, No. 52, 2005

[Elm04b] A. El Mourabit, G. N. Lu , P. Pittet "Rail-to-Rail differential linear range OTA with Pico-A/V transconductance for subHertz OTA-C filter" The 16 International Conference on Microelectronics, ICM 2004, December 6-8, Tunis, Tunisia

[Eit00]   E. Ibargil, A. Hyogo and K. Sekine "A CMOS Analog Multiplier Free from Mobility Reduction and Body Effect" Analog Integrated Circuits and Signal Processing, 25, 281- 290, 2000.

[Enz95]   Enz C.C., Krummenacher F., & Vittoz E.A. An analytical MOS transistor model valid in all regions of operation and dedicated to low-voltage and low-current applications.Analog Integrated Circuits and Signal Processing.

[Fra97]   M. Fransciotta, G. Colli and R. Castello "A 100 MHz 4-mW Four-quadrant BiCMOS Analog Multiplier" IEEE Journal of State Circuits, Vol. 32, No. 10, Oct. 1997.

[Fri96]   Fried, R.; Enz, C.C.; "Bulk driven MOST transconductor with extended linear range " Electronics Letters , Volume: 32 , Issue: 7 , 28 March 1996, Pages:638 – 640.

[Fuj98]   I. Fujimori and T. Sugimoto " A 1.5 V, 4.1 mW Dual-Channel Audio Delta-Sigma D/A Converter" IEEE Journal of solid-state circuits, Vol. 33, No. 12, December 1998.

[Fur95]   P. M. Furth and Henry A.Ommani , "Linearised differential transconductor in subthreshold CMOS " . electronics letters 31(7), pp.554-547,30[th] March 1995.

[Gil68]   B. Gilbert, "A precision four-quadrant multiplier with subnanosecond response," IEEE J. Solid-State Circuits, vol. Sc-3, pp. 353-365, Dec. 1968.

[Gil90]   B. Gilbert "Current-mode circuits from a translinear viewpoint: A tutorial" in Analog IC Design: The Current-Mode Approach, C. Toumazou, F. J. Lidgey, and D. G. Haigh Eds. London 1990, ch.2.

[Gou97]   Gouveia Filho O.C., Cunha A.I.A., Schneider M.C., Galup-Montoro C. "The ACM model for circuit simulation and equations for SMASH". [Online]: http://www.dolphin.fr, Sept. 1997.

[Gra01]   P. R. Gray, P. J. Hurst, S. H. Lewis and R. G. Meyer ,analysis and design of analog integrated circuits, 4th ed. New York: Wiley, 2001.

[Guz87]   A. Guzinski, M. Bialko, and J. C. Matheu "Body-driven differential amplifier for application in continuous-time active-C filter" Proc. European Con. Circuit Theory and design (ECCTD'87), pp. 315-320, 1987.

[Han98]   G. Han and E. Sanchez-Sinencio, "CMOS transconductance multiplier- A tutorial" IEEE. Trans. Circuits Syst. II, vol. 45 pp, 1550-1562, Dec 1998.

[Har03]   R. Harrison, and C. Charles "A low-power low noise CMOS amplifier for neural recording applications" IEEE Solid-State Circuits, Volume: 38, Issue: 6, June 2003 Pages:958 – 965.

[Has97]   Hasler, P.: 'Foundations of learning in analog VLSI'. PhD Dissertation, California Institute of Technology, Pasadena, CA, USA, 1997

[Hog96]   R. Hogervorst, Design of low-voltage low-power CMOS operational amplifier cells, Doctorate thesis, Delft University Press, Delft, The Netherlands, 1996.

[Hua93]   S. Huang and M. Ismail, "CMOS multiplier design using the differential difference amplifier," in Proc. IEEE Midwest Symp. Circuits and Syst., Aug. 1993, pp. 1366–1368.

[Ian95]   S. Iuan and Y. S. Hwang " CMOS squarer and four quadrant multiplier" IEEE Trans. Circuits Syst I. Vol. 42, No. 2, February 1995.

[Jaq03]   Jaques Gautier 2003, physique des dispositifs pour circuits intégrés silicium, édition Hermes

[Joh97]   Johns, D.A. and Martin, K., Analog Integrated Circuit Design, John Wiley & Sons, New York, 1997.

[Kan67]   D. Kahng and S.M. Sze, "Floating-gate and its application to memory devices," The Bell System Technical Journal, vol. 46, no. 4, 1967, pp. 1288-1295.

[Kot98]   K. Kotani, T. Shibata, M. Imai and T. Ohmi, "Clock-controlled neuron-MOS logic gates", IEEE Trans. Circuits Syst. II, 1998, 45, pp. 518–522

[Kub90]   F. J. Kub, K. Monn, I. A. Mack and F. M. Long "Programmable analog vector-matrix multiplier" IEEE J. Solid-State Circuits, vol. Sc 25, pp207-214 Feb 1990.

[Las00]   K. Lasanen, E. Raisanen-Ruotsalainen, J. Kostamovaara, "A 1-V 5 µW CMOS-opamp with bulk-driven input transistors" Proceedings of the 43rd IEEE Midwest Symposium on Circuits and Systems , Volume: 3 , 8-11 Aug. 2000 Pages:1038 - 1041 vol.3

[Lai98] S. LAI "Flash memories: where we were and where we are going". Proc. IEEE Int. Electron Devices Mtg, San Francisco, CA, USA, 1998, pp. 971–974.

[Lee95] S. T. Lee, K. T. Lau and L. Siek, "Four-quadrant CMOS analogue multiplier for artificial neural networks" Electron. Lett., vol. 31, pp. 48-49, Dec. 1995.

[Lee99] J. W. Lee and al. "Comparison of hole mobility in LOCOS-isolated thin-film SOI p- channel MOSFET's fabricated on various SOI substrates" Electron Device Letters, IEEE Volume: 20 , Issue: 4 , April 1999 pp:176 - 178

[Lin03] B. Linares-Barranco, T. Serrano-Gotarredona, "On the Design and Characterization of Femtoampere Current-Mode Circuits",IEEE JSSC, vol.38, n°8, pp.1353-1363, Aug.2003.

[Liu94] S. I. Liu and Y. S. Hwang, "CMOS four-quadrant multiplier using bias feedback techniques." IEEE J. Solid-State Circuits 29(6), pp. 750-752, June 1995.

[Liu95] S. I. Liu and C. C. Chang, "CMOS analog divider and four quadrant multiplier using pool circuits." IEEE J. Solid-State Circuits 30(9), pp. 1025-1029, September 1995.

[Liu95] S. Liu and C. Chang, "CMOS subthreshold four quadrant multiplier based on unbalanced source coupled pairs," Int. J. Electron., vol. 78, pp. 327-332, Feb. 1995.

[Mas99] A. Masami, Design for reliability of low-voltage, switched-capacitor circuits, Doctorate thesis, University of California, Berkeley, 1999.

[Mau02] B. Maundy, P. Aronhime, "useful multiplier for low voltage applications" IEEE Sym. Circuits Syst. ISCAS, vol. 1, pp. 737-740, 2002.

[Mcn94] M. J. McNutt, S. LeMarquis, and J. L. Dunkley, "Systematic Capacitance Matching Errors and Corrective Layout Procedures," IEEE Journal of Solid-State Circuits, vol. 29, no. 5 pp. 611-616, 1994.

[Mic94] C. Michael and M. Ismail "Statical Modeling of device mismatch for analog MOS integrated circuits."IEEE Journal of solid-state Circuits, vol.27, No.2: 152-165, February 1994.

[Min96a] B. A. Minch, C. Diorio, P. Hasler, and C.A. Mead, "Translinear circuits using subthreshold foating-gate MOS transistors," Analog Integrated Circuits and Signal Processing,vol9,no:2,1996,pp.167-179.

[Min96b] B. A. Minch, C. Diorio, P. Hasler and C. Mead, "The matching of small Capacitors for analog VLSI," Procedding of the 1996 IEEE International Symposium on circuit and Systems, Atlanta, GA, vol. 1, pp.239-241, May 1996.

[Min97] B. Minch " Analysis, synthesis, and implementation of networks of multiple-input translinear elements" PhD thesis, California Institue of technology, Pasadena, California, 1997.

[Ogu95] H. Oguey, "Générateur de courant de référence en technologie CMOS," French Patent Application no. 95 03352, Mar. 22, 1

[Pap97] Y. Papananos, T. georgants, and Y. Tsividis, « Design considerations and implementation of very low-frequency continuous-time CMOS monolithic filters, » Proc. Inst. Elect. Eng., Vol. 144, pp. 68-74, 1997.

[Pel89] M. J. M. Pelgrom, A. C. Duinmaijer and A. P. G Welbers "Matching properties of MOS transistors" IEEE J. Solid-State Circuits, vol. 24. No. 5 pp. 1433-1440, Oct. 1989.

[Pop03] Popa, C.; Coada, D.; "A new linearization technique for a CMOS differential amplifier using bulk-driven weak inversion MOS transistors" Signals, Circuits and Systems, 2003. SCS 2003. International Symposium on , Volume: 2 , 10-11 July 2003 Pages:589-592- vol.2

[Ram95] J. Ramirez-Angulo, S. C. Choi, and Gonzalez-Altamirano, "Low-voltage circuits building blocks using multiple-input floating-gate transistors" IEEE Trans. Circuits and systems I : Fundamental theory and application, vol. 42, no. 11, pp. 971-974, Nov. 1995.

[Ram01] J. Ramirez-Angulo, R. G. Carvajal, J. Tombs, and A. Torralba, "Low-voltage CMOS Op-amp with rail-to-rail signal swing for continuous-time signal processing using multiple-input floating-gate transistors," *IEEE Transactions on Circuits and Systems, special issue on applications of floating gate transistors*, vol. 48, No. 1, January 2001, pp. 110-116.

[Ram03] J. Ramírez-Angulo, Carlos A. Urquidi, R. González-Carvajal, , A. Torralba, A. López-Martín "A New Family of Very Low-Voltage Analog Circuits Based on Quasi-Floating-Gate Transistors" IEEE trans. Circuits and systems – II. Analog and digital signal processing. V. 50, N. 5, May 2003.

[Rie04] R. Rieger, A. Demosthenous, J. Taylor, "A 230-nW 10-s time constant CMOS integrator for an adaptive nerve signal amplifier" Solid-State Circuits, IEEE Journal of Volume 39, Issue 11, (s):1968 – 1975. Nov. 2004 .

[Rod04] E. Rodriguez-Villegas, A. Yufera, and A. Rueda " A 1-V Micropower Log-Domainintegrator based on FGMOS transistors operating in weak inversion, "IEEE Journal of solid-State Circuits, Vol. 39, No. 1, January 2004.pages 256 – 259.

[Rod03] E. Rodriguez -Villegas and H. Barnes "Solution to trapped charge in FGMOS transistors" Electronics Letters 18th September 2003 Vol. 39 No. 19

[Sac98] A. Sackinger and W. Guggenbuhl, "An analog trimming circuit based on a floating-gate device" IEEE J. Solid-State Circuits, vol. 23, no.6, pp. 1437-1440, Dec. 1998.

[San88] W. M. Sansen et al. "A CMOS temperature-compensated current reference" IEEE Journal of solid-state Circuits, vol. SC-23, pp. 821-824, June 1988.

[San84]   W. Sansen and P. M. Van Peteghem, "An area-efficient approach to the design of very-large time constants in switched-capacitor integrators," IEEE J. Solid-State Circuits, vol. SC-19, pp. 772–780, Oct. 1984.

[Sar93]   R. Sarpeshkar, T. Delbrück, and C. A. Mead "White Noise in MOS Transistors and Resistors " IEEE Circuits and devices 9(6), pp. 23-29, November 1993.

[Sar97]   R. Sarpeshkar, R. F. Lyon and C. A. Mead "A low-Power Wide-linear-range Transconductance amplifier" Analog Integrated Circuits and Signal Processing, 13, 123-151 (1997).

[Sal03]   D. C. Salthouse, and R. Sarpeshkar " A practical micropower programmable bandpass filter for use in bionic ears" IEEE Journal of Solid-State Circuits, Volume: 38 , Issue: 1   January 2003 Pages: 958 - 965

[Sch97]   J. F. Schoeman ad T. H. Joubert, "Four quadrant analogue CMOS multiplier using capacitively coupled dual-gate transistors" Electronic Letters, Vol. 32, No. 3, pp. 209-210, 1996

[See00]   E. Seevinck, E. A. Vittoz, M. du Plessis, Trudi-H. Joubert, and Wikus Beetge "CMOS Translinear Circuits for Minimum Supply Voltage" IEEE transactions on circuits and systems—II: analog and digital signal processing, vol. 47, no. 12, december 2000.

[See88]   E. Seevink "Analysis and Synthesis of translinear Integrated Circuits" Amsterdam, Elseiver, 1988.

[Ser03]   F. Serra-Graells, A. Rueda and J. L. Huertas "Low-Voltage CMOS Log Companding Analog Design" Series in Engineering and Computer Science, Vol. 733 Kluwer Academic Publishers, ISBN, 1-4020-7445-X June 2003, pp-220.

[Sol00]   S. Solis-Bustos, J. Silva-Martinez, F. Maloberti, and E. Sanchez-Sinencio, "A 60-dB dynamic-range CMOS sixth-order 2.4-Hz low-Pass filter for medical applications," IEEE Trans. Circuits and Systems–II, vol. 47, pp. 1391-1398, Dec. 2000.

[Soo82]   D. C. Soo and R. G. Meyer, "A four-quadrant NMOS Analog Multiplier" IEEE J. Solid State Circuits, col. Sc-20, pp1015-1016 Nov, 1982.

[Sim98]   C-Li. Simon "LV/LP CMOS Four-Quadrant Analog Multiplier Cell in Modified Bridged-Triode Scheme" Analog Integrated Circuits and Signal Processing, 33, 43–56, 2002.

[Sto02]   Stockstad, T.; Yoshizawa, H.; "A 0.9-V 0.5-µA rail-to-rail CMOS operational amplifier" IEEE Journal of Solid-State Circuits, volume: 37, issue: 3 , March 2002, Pages: 286-292.

[Sze81]   S. M. Sze 1981. Physics of Semiconductor Devices. New York : Wiley and Sons.

[Tsi88]   Y. Tsividis. 1988. the MOS transistor. New York : Mac Graw Hill.

[Vee02] A. Veeravali, E. Sanchez-Sinencio and J. Silva-Martinez "Transconductance Amplfier structures with very small transconductances: A comparative design approach" IEEE. J. of solid-state circuits, vol. 37, No, 6, June 2002.

[Vit94] E. A. Vittoz , "Micropower techniques," in Design of analog-digital VLSI circuits for telecommunications and signal processing, J. E. Franca and Y. P. Tsividis (eds), Prentice Hall, New Jersey, 1994.

[Vit79] E. Vittoz, O. Neyroud "A low-voltage CMOS Bandgap reference" IEEE Journal of solid-state Circuits, vol. SC-14, No. 3. June1979.

[Wan91] Z. Wang "A CMOS four-quadrant Analog Multiplier with Single-Ended Voltage Output and improved Temperature Performance" IEEE J. Solide-State Circuits, vol. SC-26, pp1393-1300 Sept. 1991.

[Wan92] D. Wayne et al, "A single chip hearing aid with one volt switched-capacitor filters," in IEEE 1992 Custom IC Conference, pp. 7.5.1-7.5.4, 1992.

[Won83] S. Wong and C. A. Salama, "Impact of scaling on MOS analog performance", IEEE J. Solid-State Circuits, vol. 18, February 1983.

[Yan94] K. Yang and A. Andreou, "A Multiple Input Differential Amplifier Based on Charge Sharing on a Floating-Gate MOSFET," Journal of Analog Integrated Circuits and Sig. Processing, vol. 6, no. 3, 1994, pp 197-208.

[Yan93] F. Yang "étude d'opérateurs analogiques temps-continu et mixtes analogiques-numériques" thèse de doctorat présentée à l'école nationale supérieure des télécommunications, 1993.

[Yan00] S. Yan, and E. Sanchez-Sinencio, "Low-voltage analog circuit design techniques: a tutorial," IEICE Trans. Analog Integrated Circuits and Systems, vol. e00-A, no. 2, February 2000.

Annexe A

Un circuit est dit linéaire, si un signal sinusoïdal en entrée est transmis à la sortie sans modification de phase et d'amplitude. Dans un circuit non linéaire, non seulement il y'a modification de la phase et de l'amplitude, mais aussi de nouvelles composantes fréquentielles sont générées. Ces composantes non linéaires sont appelées des distorsions. Quand une tension sinusoïdale est appliqué à l'entrée d'un circuit non-linéaire, ces distorsions sont appelées des harmoniques et elles sont des multiples de la fréquence du signal d'entrée.

Si on considère que la fonction de transfert du circuit est donnée par :

$$f(x) = a_0 + a_1 x + a_2 x^2 + a_3 x^3 + \cdots \qquad (A-1)$$

Et que le signal d'entrée est de la forme :

$$x = Vp . \cos(wt) \qquad (A-2)$$

Avec Vp l'amplitude maximale, w la fréquence angulaire.

Le signal à la sortie est donné par :

$$f(t) = a_0 + a_1 V_p \cos(wt) + a_2 \cos^2(wt) + a_3 \cos^3(wt) + \cdots \qquad (A-3)$$

$$f(t) = a_0 + a_1 V_p \cos(wt) + \frac{a_2 V_p^2}{2}(1 + \cos(2wt)) + \frac{a_3 V_p^3}{4}(3\cos(wt)\cos(3wt)) + \cdots$$

La distorsion harmonique d'ordre n est définie par le rapport entre l'amplitude de la nième amplitude par l'amplitude de la fondamentale. L'amplitude de la nième harmonique est donnée par :

$$A_n = \frac{a_n}{2^{(n-1)}} . V_p^n, n \geq 1 \qquad (A-4)$$

D'où on peut écrire :

$$HD = \frac{A_n}{A_1} = \frac{a_n}{a_1} \frac{V_p^{(n-1)}}{2^{(n-1)}} \qquad (A-5)$$

Et le taux total de la distorsion harmonique est donnée par

$$THD = \sqrt{\sum_{n=2}^{\infty} HD_n^2} = \sqrt{\sum_{n=2}^{\infty} \left(\frac{a_n . V_p^{n-1}}{a_1 . 2^{n-1}} \right)^2} \qquad (A-6)$$

Les cinq premières harmoniques sont données par :

$$HD_2 = \frac{1}{2}\frac{a_2}{a_1}V_p \qquad\qquad HD_3 = \frac{1}{4}\frac{a_3}{a_1}V_p^2 \qquad\qquad (A\text{-}7)$$

$$HD_4 = \frac{1}{8}\frac{a_4}{a_1}V_p^3 \qquad\qquad HD_5 = \frac{1}{16}\frac{a_5}{a_1}V_p^4 \qquad\qquad (A\text{-}8)$$

La non linéarité peut être aussi calculée par l'erreur de la dérivée de la déviation relative de la valeur idéale. La déviation relative est calculée par :

$$RE(x) = \frac{f(x) - \left(\dfrac{\partial f(x)}{\partial x}\right)_{x0}.x}{\left(\dfrac{\partial f(x)}{\partial x}\right)_{x0}} \qquad\qquad (A\text{-}9)$$

L'erreur relative de la dérivation est donnée par :

$$RDE(x) = \frac{\left(\dfrac{\partial f(x)}{\partial x}\right)_{x0} - \left(\dfrac{\partial f(x)}{\partial x}\right)_{x}}{\left(\dfrac{\partial f(x)}{\partial x}\right)_{x0}} \qquad\qquad (A\text{-}10)$$

D'où on peut écrire l'erreur de la non linéarité par :

$$Erf(x) = \frac{RDE}{\left(\dfrac{\partial f(x)}{\partial x}\right)_{x0}} \qquad\qquad (A\text{-}11)$$

En appliquant cette dernière relation à l'amplificateur transconductance (OTA), la plage linéaire peut être calculée par la variation de la transconductance par rapport à une valeur nominale.

Annexe B

Les simulateurs électriques ne convergent pas si le circuit contient des nœuds flottants. Par conséquent, il est pas possible de simuler des circuits contenant des transistors multiple entrées et grille flottante (MIFG-MOS) en utilisant des transistors MOS et des capacités. La solution proposée dans [Ram01] consiste à créer le macro-modèle présenté à la figure B-1. une branche contenant une résistance R_g de très grande valeur et des générateurs contrôlés en tension sont connectés au nœud flottant entre la grille du transistor MOS et les capacités d'entrées du transistor MIFG-MOS. les facteurs de couplages capacitifs w_i sont représentés par les gains des générateurs contrôlés en tension. Le rôle de cette branche est de déterminer le point DC de fonctionnement de la grille flottante. La résistance Rg est utilisée pour que la branche contenant des générateurs contrôlés en tension n'affectent pas la simulation ac et transitoire du transistor.

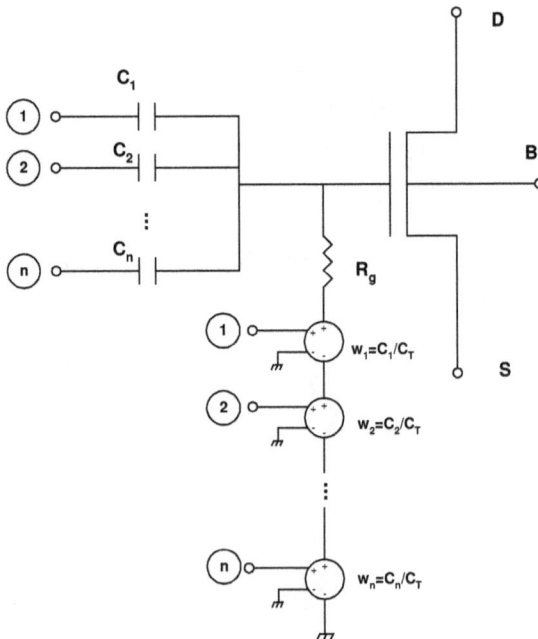

Figure B-1 Macro Model du transistor MIFG-MOS

Annexe C

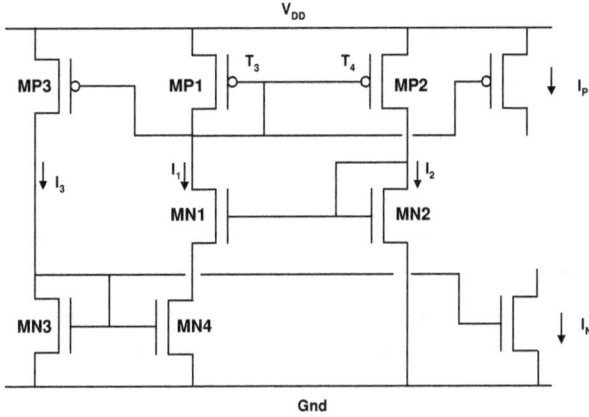

Figure C-1 Générateur de faible courant de polarisation

Si on suppose que les transistors MN1 et MN2 sont polarisés en faible inversion, on a la tension Vsn1 qui est donnée par :

$$V_{sn1} = U_T \ln(K_1) \qquad (C-1)$$

avec $K_1 = \dfrac{S_{p2} S_{n1}}{S_{p1} S_{n2}}$

On suppose qu'un courant I1 est envoyé dans la source du transistor MN1. par l'effet du miroir de courant MP1-MP2, un courant identique I2 est envoyé dans le transistor MN2 dont la tension de grille Vgn2 s'ajuste pour faire passer ce courant. Cette tension de grille est appliquée aussi sur la grille du transistor MN1 qui fournit le courant I_1, vu que les dimensions de MN1 sont beaucoup plus grande que les dimensions du transistor MN2 et puisque MN1 et MN2 sont en faible inversion.

Les transistors MN3 et MN4 sont, respectivement, en saturation et en région ohmique de la forte inversion. Le courant I3 est donné alors par :

$$I_3 = \frac{1}{2} \beta_{n3} (V_{gn3} - V_{TH,n})^2 \qquad (C-2)$$

ce courant produit une tension Vgn3 sur la grille du transistor MN3 donné par :

$$V_{gn3} = \sqrt{\frac{2I_3}{\beta_{n3}}} + V_{TH,n} \qquad (C-3)$$

le transistor MN4 a la même tension de grille, mais sa tension de drain Vdn4 = Vsn1 est inférieur à sa tension de saturation, donc on a :

$$I_1 = \beta_{n4} V_{sn1} \left(V_{gn3} - V_{TH,n} - \frac{1}{2} V_{sn1} \right) \tag{C-4}$$

en combinant les équations C - 2, C - 3 et C - 4, on a le courant I'1 qui circule dans le transistor MN4 :

$$I'_1 = \beta_{n4} \left[V_{Sn1} \sqrt{\frac{2I_1 S_{P3}}{\beta_{n3}\beta_{p1}}} - \frac{1}{2} V_{Sn1}^2 \right] \tag{C-5}$$

la figure C-2 montre l'allure de ce courant I'$_1$, le graphe montrant en abscisses le courant I$_1$ imposé par le miroir de courant et en ordonnées les courants théoriques déterminés selon les équations ci-dessus. On voit donc que le courant qui s'établit correspond à l'égalité (point d'intersection) entre le courant I$_1$ envoyé dans la source du transistor MN1 et le courant I$_1$ envoyé I'$_1$ produit dans le transistor MN4. Or l'équation C-5 montre que ce courant est une fonction parabolique de I$_1$. en réalité, il n'y a qu'une condition qui peut s'établir dans le circuit, c'est lorsque I'$_1$ = I$_1$. Par conséquent, on trouve pour le courant réel I$_R$ dans la branche du circuit comprenant les transistors MN1 et MN4 :

$$I_R = \beta_{n4} V_{Sn1}^2 \left(K_2 - \frac{1}{2} + \sqrt{K_2(K_2 - 1)} \right) \tag{C-6}$$

avec $K_2 = \dfrac{S_{p3} S_{n4}}{S_{p1} S_{n3}}$

En substituant V$_{sn1}$ dans l'équation précédente, on trouve :

$$I_R = K_{eff} \beta_{n4} U_T^2 \tag{C-7}$$

avec $K_{eff} = \left[K_2 - 0.5 + \sqrt{K_2(K_2 - 1)} \right] \ln^2(K_1)$

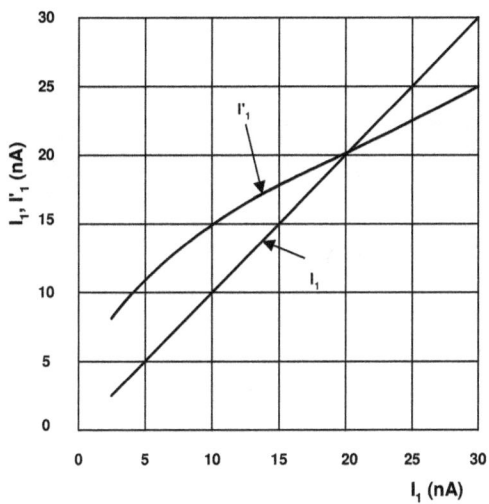

Figure C-2 Caractéristiques des courants I_1 et I'_1 montrant le point d'équilibre donné par l'équation C-7

www.ingramcontent.com/pod-product-compliance
Lightning Source LLC
Chambersburg PA
CBHW021101210326
41598CB00016B/1279